U0192118

建筑人的

职业规划

——教你跳出好前程

张红芳 ◎ 著

中国建筑工业出版社

图书在版编目（CIP）数据

建筑人的职业规划：教你跳出好前程 / 张红芳著
. —北京：中国建筑工业出版社，2023.11（2024.10 重印）
ISBN 978-7-112-29439-8

Ⅰ. ① 建… Ⅱ. ① 张… Ⅲ. ① 建筑工程—职业选择
Ⅳ. ① TU

中国国家版本馆CIP数据核字（2023）第244644号

责任编辑：刘颖超
书籍设计：锋尚设计
责任校对：姜小莲
校对整理：李辰馨

建筑人的职业规划——教你跳出好前程

张红芳　著

*

中国建筑工业出版社出版、发行（北京海淀三里河路9号）
各地新华书店、建筑书店经销
北京锋尚制版有限公司制版
北京云浩印刷有限责任公司印刷

*

开本：787 毫米×960 毫米　1/16　印张：14¼　字数：189 千字
2024 年 1 月第一版　　2024 年 10 月第二次印刷
定价：**69.00** 元
ISBN 978-7-112-29439-8
（42010）

序一

　　除了上大学前后的那几年，我的职场生涯一直在一个行业一个企业——中国建筑工程总公司。让我为《建筑人的职业规划——教你跳出好前程》作序，尤其是"教你跳出好前程"，缺乏实践，更无经验，有点儿怪怪的。2014年，我担任中国建设教育协会理事长，至今已经十个年头。协会秉承"为党育人，为国育才"的理念，团结相关院校、企业、科研单位和社会组织，为建设教育的高质量发展提供了有益的探索和实践。教育的主要功能之一，就是为未来的从业者做好铺垫和准备，让学生或家长尽早了解行业状况、职业生涯发展规律、专业岗位发展路径等。严格地说，职业生涯的第一步，应该是选择行业，然后才是选择岗位或者更换工作岗位。我忽略了这一点，恰恰因为走出校园的时候，还是统一分配的年代，缺乏个人选择的自主性。

　　谈起这个话题，有时也想，人这一辈子，更换工作岗位的原因，无非是个人原因、组织原因和外界原因。个人原因，或许是人聪明，醒悟得早，对自己的职业生涯早有规划；或许在组织内诸事不顺，不得已而为之。组织原因似乎简单些，做得好，组织认为是可塑之才、可堪大用，急难险重、复合型，小步大步往前赶；做得不好，则反之。外界原因，或许在社会上遇到什么人，什么事，应激反应促成心理变化；或许名声在外，猎头公司找上来，均未可知。

　　说到猎头公司，就说到了张红芳。作为罗勒尚才公司的创始人兼总经理，张红芳创业十五年，深耕建筑行业，建立了团队，开拓了市场，积累了经验，做出了业绩。张红芳本人，其实就是职场规划和励志的故事。她实际上做的是建筑行业职场人士与人力资源市场的信息对称工作，是在为他人做路演，是在做建筑行业人力资源的调剂和补充，使人得所用、用得其所，同时也发展成就她个人与企业。在对职业生涯认真思考的基础上，张红芳为我们贡献了建筑行业第一本垂直领域职业规划书。张红芳的日常工作，就是交流、座谈、报告、视频、直播等等，语言的使用多于文字。用她的话说，"我常戏谑我就是把自己大脑里原有的东西给它还原成文字罢了"。本书的出版，为有志于从事土木建筑行业的学生或家长了解从业状况，为院校教师积累生动鲜活的教学案例，为有意转岗的人士了解相关的技巧和方法，提供了有益的资讯和指导。

我衷心希望罗勒尚才发展得好，希望更多的同学和从业者选择建筑行业，希望在建筑行业的每位同仁，都能找到自己认为合适的岗位，从而得到好的归宿。

刘杰

中国建设教育协会理事长

序二

正如红芳自己所言，写书历来都是治学的人。红芳从一个管理者、操作者来写这本书，给了众多实践者从一个落地的角度看建筑人的自我职业规划，让每一个从事建筑行业的员工把握自己的方向和机会。

《建筑人的职业规划——教你跳出好前程》讲述了建筑人的职业的成长期、增值期、变现期、维持期、衰退期如何规划及发展；介绍了建筑、结构、给水排水、电气、暖通、土木工程、工程管理、工程造价各专业的职业发展路径和案例；给出了个人发展的战略性选择规划，给出了职场选择的启发。"如果你是即将踏入建筑行业的应届生，翻翻此书，你会知道接下来的路会经历什么；如果你是入行经年的建筑人，当你职场迷茫的时候，翻翻此书，也许会让你对自己的未来更多一些信心。"

红芳总经理从事建筑工程领域的招聘服务十多年，接触大量的建筑领域的优秀人才，她认真研究建筑业优秀人才的职业发展路径，摸索出了一些职业发展的规律。《建筑人的职业规划——教你跳出好前程》这本书是红芳在抖音和视频号上直播建筑人职业规划的内容提炼，经历了网络的实战和粉丝们的挑剔。"我唯一可谈的可能就是我在建筑领域这10几年的积累"恰恰是此书的价值所在，《建筑人的职业规划——教你跳出好前程》是一本值得好好研读领会的好书。

李永平
中国人民大学企业战略和市场营销教授

前言

从来没有想过我会写书，以前我的理想是成为一名企业家，所以我在创业的道路上踽踽独行着，并且创立了罗勒公司。为了践行我的理想，我孜孜不倦读书学习，并尝试用各种方法使公司得以在当前竞争激烈的市场环境下能继续发展。公司的主要业务是从事建筑工程领域的招聘服务，由此，我得以接触大量的建筑领域的优秀人才，还是本着提升公司市场价值为出发点，我必须要服务好我的每一位候选人，这样才能为公司赢得好的市场口碑，好借此获得更加长远的发展。于是，我开始研究优秀人才的职业发展路径，好反馈给那些在职业道路上迷茫的建筑人，也许是接触的人足够多了，慢慢摸索出了一些职业发展的规律。

随着新媒体时代的来临，作为罗勒公司创始人，怎么可能会放弃借助新媒体渠道提升公司影响力的机会呢？于是我开始在抖音、视频号上开直播，我既不是知名大学教授，谈不上多么丰富的知识储备，也非名人大咖，天生自带流量话题，我唯一可谈的就是我在建筑领域这十几年的积累。由隔三差五地直播到后来每天直播，我不厌其烦地讲着职业生涯发展的话题，没想到却意外引起了广大建筑业从业人士的关注，经常有人问我什么时间出书，什么时间线上卖课。直到有一天，中国建筑工业出版社的刘颖超编辑找到我，说关注我的直播很长时间了，作为建筑行业最权威的媒体机构，可以说建筑行业的各种知识类书籍，他们全部都覆盖过了，但是在关于建筑人的职业规划方面却是一个空白，她希望我写一本关于建筑人的职业生涯规划的书。刘颖超编辑的话点燃了我写作的冲动，于是，才有了这本书的问世。

全书主要分为三大部分，第一部分是建筑人的职业规划概述，分别阐述了职业生涯五个阶段（成长期、增值期、变现期、维持期、衰退期）该如何规划及发展；第二部分整理了各专业的职业发展路径，收集的专业有建筑学、结构、给水排水、电气、暖通、土木工程、工程管理、工程造价八个专业，且在每个专业的职业发展路径下面给出了一些案例以供参考；第三部分是战略性跳槽规划，主要是围绕职业选择展开的阐述。每个人的一生都会面临若干次选择，但是很少有人知道什么是战略性跳槽，这是我在长期大量的招聘实践中提炼出来的新概念，希望给每位面临职业选择的人一些启发。

本来是为了成就一家企业而做的努力，最后却成就了一本书，也算是无意插柳柳成荫。这本书写得很快，没有大家想象中的深刻思考、反复揣摩的孕育过程，几乎是一气呵成。跟朋友谈起这本书的写作过程，我常戏谑我就是把自己大脑里原有的东西给它还原成文字罢了。所以大家也不要把这本书当成一本严谨的学术著作，那就是对学术的亵渎了。它仅是一位非建筑业专业人士从旁观者视角看到的建筑职场，在观察的基础上糅进了自己的思考，从而诞生的一本思考者笔记。

如果你是即将踏入建筑行业的应届生，翻翻此书，你会知道接下来的路会经历什么；如果你是入行多年的建筑人，当你职场迷茫的时候，翻翻此书，也许会让你对自己的未来更多一些信心。总之，这是一本写给建筑人看的书，书中的每句话，每个案例，无一不是就发生在我们身边的故事。我不是这个领域的学者，也不搞这个领域的研究，所以此书不是在写什么高深的理论。我只是你身边的一个再普通不过的同业人，娓娓道来一个个建筑人的故事，并且把这些故事的精彩处提炼成普适的行业通行原则，让大家去参考优秀的行业先行者的道路，从而成就自己。

创业十余载，建筑行业成就了我，也成就了罗勒公司，正是建筑行业从业者一如既往的支持，才使得公司得以不断发展。执笔此书，既是应中国建筑工业出版社刘编辑邀请，更是因一份沉甸甸的使命。建筑行业是古老传统行业之一，也是从业人数最多的行业之一，却至今无一本书指导建筑人该如何走好这条路，以至于这个行业的很多优秀毕业生不敢从业，毕业即转业，大量优秀人才流失，若长此以往，行业将无法发展。所以，特以此书献给所有奋战或即将奋战在建筑行业的人们，愿每位建筑人都能所求皆所愿，所愿皆所得。

在此，首先感谢支持本书出版的刘颖超编辑，没有她的鼓励和支持，就没有本书的出版；感谢中建二局设计负责人戚积军、中国电子系统工程第四建设有限公司医药设计院副总工程师张路军、中国电子系统工程第四建设有限公司电气所所长刘章波、多维联合集团有限公司集团总工程师唐潮、注册给水排水工程师康光华、河北中建工程有限公司王广雷，在我书写各专业职业发展路径时，是以上各位给我提供的宝贵意见，才使得本书得以顺利完成；感谢博雅商学院的唐柯老师、南兴亮老师，以及罗勒公司市场部总监焦海斌、市场部同事张梦茹，感谢支持我的广大粉丝朋友们、建筑界所有从业人士！

写于2023年11月

目录

第十五章
战略性跳槽实施

第一章

建筑人的使命

无论哪一个巍峨的古城楼，或一角倾颓的殿基的灵魂里，无形中都在诉说，乃至于歌唱，时间上漫不可信的变迁。

——梁思成

| 第一节 | ## 当代建筑人的使命是什么？ |

1. 肩负历史的传承

建筑行业是一个传统的行业，这个行业已经存在了至少五千年。《易经·系辞》里说：上古穴居而野处，后世圣人易之以宫室，上栋下宇，以待风雨。这段话说明，至少从那个时候开始就已经存在房屋的初级形式了。可以说，一部中国历史就是一部中国建筑史，秦始皇修长城，隋炀帝造大运河，唐玄宗筑乐山大佛，明成祖建故宫，中国人用自己的智慧浇筑出了上下五千年的历史文明。

这些经历过时代风雨仍屹立不倒的建筑，在无声记录着人类的繁衍，朝代的兴衰。一座座残存的遗迹，正是一代代建筑人留下来的宝贵的物质遗产，让我们依稀窥见一丝历史的真相。建筑人记录着人类的历史，这些工程承载着人类智慧的结晶，印证着我们建筑人的伟大。

历代的建筑先贤们已经为我们做出了榜样，而我们当代建筑人的使命就是使历史得以传承下去。人的生命，只有短短几十年，但是建筑人建造的摩天大厦、四通八达的公路铁路，却可以存在几百上千年，它们会告诉我们的子孙后代，我们这代人身上发生了什么！

2. 技术创新推动行业发展

当代建筑人肩负的另一使命是借由技术的创新引领行业的发展。建筑行业历来就是一个技术密集型行业，那些拿鲁班奖拿到手软的企业，没有哪一家是不重视技术创新的，只有技术的创新才能带来行业的发展。而技术的创新是由具备工匠精神又有行业情怀的工程师带来的，可以说工程师是驱动技术创新的中坚力量，所以行业的发展也正是由这些人带来的。

我们建筑界的鼻祖鲁班，就是一个优秀的发明家，他发明的工具如钻、刨子、铲子、曲尺、墨斗等，迄今都还在使用；而这些工具的发明，就是鲁班在长期的生产实践中得到启发，反复研究试验出来的。很多建筑人不明白，我上了四年大学，结果还是要分配到工地上去打灰，那我上大学的意义是什么呢？虽然你们的工作环境跟很多工地上的劳务工一样，但是工作的性质却有本质不同。你们去一线是为了熟悉施工一线的工艺和流程，在熟悉的基础上优化，在优化的基础上创新。

近几年，行业人才逐年流失，究其根本，还是因为对行业的认知高度不够，对所学专业在行业内的定位认知不够。建筑人肩负着传承历史和推动行业发展这样重要的使命，这是一份沉甸甸的责任。从选择专业开始，就已经自动接过了这份任命，不管之前有没有意识到，它都已经烙印在了你们的身上。这是一个伟大的行业，工程师是一份伟大的职业，千万别辜负了这个称号，我们都要做有使命感的建筑人！

第二节   **土木真的夕阳了吗?**

一个延续了几千年的行业,最近却总是听到有些声音说,土木夕阳了,这个行业要消亡了。真的是这样吗?

让我们来看一组数据,根据国家住房和城乡建设部官网《2022年全国工程勘察设计统计公报》数据显示,工程总承包收入45077.6亿元,与上年相比增长12.6%;其他工程咨询业务收入1014.5亿元,与上年相比增长5.2%。以上数据有力地证明,这个行业依旧处于持续发展阶段。只不过是工程总承包模式对勘察设计行业带来了冲击,所以勘察设计行业的总营业收入有所下降。

不仅如此,我国住房和城乡建设部设置的行业总承包资质总共有12项,分别有建筑工程、市政公用、机电工程、石油化工、水利水电、港口航道、冶金工程、通信工程、矿山工程、电力工程、铁路工程、公路工程,最早的时候是16项行业总承包资质,近几年合并成了12项行业资质。

从以上可以看出,人们生活中的四大"刚需"——衣食住行,几乎全离不开土木人的参与,不仅住房、交通需要土木人的参与,工业、通信等行业的建设也需要土木人的参与,一个跟我们的生活联系如此紧密的行业怎么会消亡呢?

但是，最近几年行业发展确实在悄然发生着变化，大兴土木、野蛮生长、业主暴利的时代已经过去了，这个行业进入了理性发展的阶段。建设方的要求越来越高，建设监管越来越严，对建设质量、安全等问题越来越关注，这使得建筑行业的从业者投入的成本越来越高，利润越来越薄，各种行业裁员、降薪越来越多，于是，建筑人恐慌了，土木"夕阳"了、行业要消亡了等各种负面传言在网上甚嚣尘上。其实，任何一个行业的发展都会经历野蛮生长到理性回归的过程，建筑行业现在正是在经历着这个过程罢了，没什么好恐慌的。

那作为个人，我们该怎么办呢？如何抵挡行业浪潮的侵袭，成为逐浪的弄潮儿，而不是被浪潮吞没的淘汰者呢？这就要靠职业规划。虽然行业在经历着阵痛，但是上文的统计也显示了，跟建筑相关的有12个行业，虽然这其中有发展得不好的，但是也有处于风口的行业，比如市政、交通、通信、水利等行业，依然是高速发展阶段，我们做职业规划本来就是要多条腿走路。人无远虑，必有近忧，职业规划的目的就是提前做到未雨绸缪。手中有伞，就不怕风雨的骤然来临。

身为建筑人，我们要坚守我们的行业信念，行业巨变的过程是痛苦的，但是结果将是美好的。经过行业巨变的阵痛后，我们的建筑行业将会进入理性加良性的发展阶段，各种行业怪象、乱象都会得到有效的控制和改善，这应该是每个身在其中的建筑人都希望看到的一天。

第二章

建筑人的职业规划概述

最好的建筑是这样的，我们深处在其中，却不知道自然在那里终了，艺术在那里开始。。

——林语堂

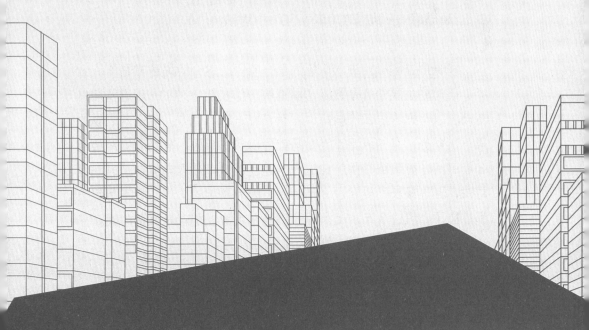

建筑人的职业生涯要经历五个阶段

美国著名的心理学家舒伯提出了生涯发展阶段论，他把人的一生划分为了成长阶段（0~14岁）、探索阶段（5~24岁）、建立阶段（25~44岁）、维持阶段（45~64岁）、衰退阶段（65岁以后），生涯五阶段论为职业生涯咨询提供了理论基础，很多职业咨询师都是在此理论指导下为来访者提供各种职业咨询的。

那么以舒伯理论为基础，我把建筑人的职业生涯也划分为了五个阶段。跟舒伯不同的是，我的职业生涯五阶段论仅指在职场的时期。通常情况，从22岁大学毕业到60岁退休，需要在职场待38年的时间，这其中大概要经历五个时期，**分别是成长期（22~25岁）、增值期（25~32岁）、变现期（30~45岁）、维持期（40~50岁）、衰退期——跳槽难度期（50~60岁）。**

成长期是刚毕业进入职场的第一阶段，这个阶段通常是1~3年，该时期主要任务是熟练掌握基层工作技能，为下一步增值期打基础。只有把基层工作做好，才有希望进入增值期。而进入职场的第一份职务，有的人用1年时间就可以熟练掌握，有的人可能要用3年时间才能熟练掌握。你进步的速度越快，进入增值期的时间也越快，但是最长不要超过3年时间，因为再难的工作，3年时间也都掌握了，超过3年以上大部分都是在重复，那就是浪费时间。

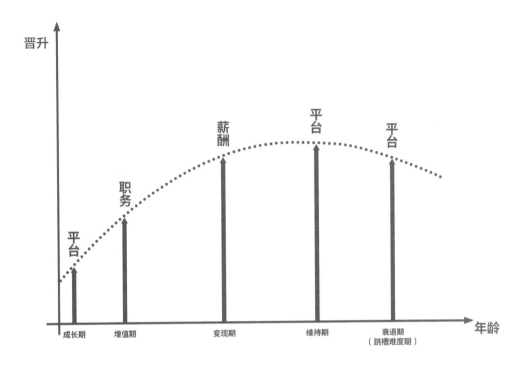

增值期是进入职场的第二阶段，这个阶段通常最少需要5年以上，这个时期的主要任务是要不断拓展我们的能力边界，说白了就是积累职场资本。增值期积累得好，才能迎来变现期。大家都知道建筑行业状况，完整参与一个项目最少需要两三年的时间，5年时间你最多有机会参与两个项目。没有至少两个项目的积累，你很难谈得上拥有丰富的工程管理经验。

变现期是第三阶段，该阶段也是我们职业生涯的黄金时期，一般在10～15年，该阶段主要任务就是把多年的积累转化成生产力，从而带来自我价值的实现。之所以叫变现期，还因为这时期你的薪酬也会有大幅跃升，并不是每个人的职业生涯都能迎来变现期。有的人增值期没有积累好，还没有迎来变现期就直接进入衰退期了。

维持期是第四阶段，该阶段是变现期的延续，没有变现期的人是没有维持期的。很多人45岁以后，还在担当着公司的重要职务，且薪酬都还维持在较高水平上，这样的人无疑就是维持期的典型代表。衰退期是最后阶段，一般是50岁之后，身体和职业同时都在走下坡路的阶段，这个阶段就是保养为主，不宜再承担高强度的工作任务，自然也就不会再成为职场主力。

完美的职业生涯，应该是成长期和增值期、成熟期和衰退期都是在一家公司完成的。为什么呢？众所周知，建筑是一个传统的行业，极其看重人的稳定度和忠诚度。很多建筑企业的负责人都是"50后""60后"，大学毕业进入一家公司直接就干到了退休，他们的思想观念相对保守。如果你3年一跳槽，在别的领域视为正常，在建筑行业就会被视为跳槽频繁，所以我们要把成长期和增值期放在同一公司来完成。你在进入职场的第一家公司至少需要干8年以上，这个时候正好30岁。很多公司招聘高管，类似工程副总这样的职务的时候，甚至要求必须在一家公司最少10年以上。过早跳槽，即便薪资有涨幅，也不会太大，反倒是中断了增值期继续提升自己的机会，得不偿失。

建筑行业的特征之一又是一个技术密集型行业，极其看重技术实力。建筑行业的所有高管岗位几乎都对技术有要求。你必须有在一线沉淀多年的经历，技术底子必须足够扎实才能走上管理岗。假如一毕业不想进工地，直接进机关，那你只能是干一些行政后勤类的工作，这些工作的替代性比较强，晋升空间也很有限，很多人到了30岁才意识到这个问题，又想重回一线工地重新开始，但通常也不可能了。

因为建筑行业还是一个对体能有要求的行业，年龄大的人在建筑行业是没有求职优势的。你30岁之前没有在一线打好技术基础，40岁就迎不来变现期，错过40岁这个年龄段，你就永久失去了变现期的机会。正因为建筑行业如此看重年龄，所以维持期和衰退期必须在一家公司完成。在尚能干的年龄进入企业，为企业做出了贡献，年龄大的时候企业才愿意为你兜底买单。我常说，人生的最后一次跳槽必须在45岁之前完成，45岁之后还在四处求职的人，会显得很狼狈。因为这个时候是工作挑你，而不是你挑工作，到处被人嫌弃的滋味好受吗？

五个时期是环环相扣的，哪一步没走对都会影响下一阶段的发展。成长期能打下好的基础，才能顺利进入增值期，增值期积累得好才能迎来变现期，变现期做好规划才能使我们职业的花期尽可能维持比较久，最后我们才能体面地走完衰退期。

处于不同职业期的建筑人该如何做职业选择？

处在不同职业时期，我们选择工作的侧重点也是不一样的。成长期重平台，增值期重职务，变现期重薪酬，维持期和衰退期重平台。

先来说说为什么成长期要重平台？咨询中，我发现那些毕业院校和专业都非常好，但是最后发展得不太好的人，大多都是成长期第一家平台没选好，导致一步错、步步错，结果握着一手好牌打了个稀巴烂。本来，你有机会选大平台，结果你去了小公司，理由是这个公司给的薪酬高。若干年后，发现同学们都升职加薪了，自己还在原地踏步。该重平台的时候你却重薪酬，错位的选择导致了错误的结果，有的时候是起点决定终点，所以成长期重平台。

有的人起点选得非常好，但是后面的发展却不尽如人意，通常是增值期没积累好，比如那种待在一个位子上一干很多年的人，总是做着简单的、重复性的、替代性非常强的工作，没有突破和自我成长，如何使自己增值呢？增值期就是要不断拓展能力边界，你只有不断地去挑战不同的工作内容，才能使各方面的能力得到锻炼和提升。所以，增值期重职务。因为不同的职务对应着不同的工作内容，不同的工作内容才能锻炼出不同方面的能力。

　　成长期和增值期走得非常好，但是迟迟迎不来变现期，这个时候你可能需要向外重新做选择。有一些优秀的人，毕业就进入一家好平台，领导也很器重，给了各种轮岗和培养的机会，成长期和增值期都是在同一家公司完成的，整个履历堪称完美。但是，在公司到了一定阶段就再也升不上去了，多年来的职务和薪酬都维持在一个水平上不动，这个时候就应该果断选择离开了。如果再不走，你就要错过变现期。所以，在变现期要重薪酬，哪家开的薪资高就去哪家。如果不看重薪酬，你在成长期和增值期咬牙扛住的那些压力、熬过的那些苦，岂不是都白瞎了吗？而有些人偏偏该重薪酬的时候去重情感，舍不得领导给画的大饼，舍不得这么多年的同事情谊，机会摆在面前却犹豫不决，白白浪费了好机会。

　　如果你成功迎来了变现期，那一定要让变现期尽可能维持得久一点，再久一点。关注两点：第一不要频繁跳槽；第二如果要跳，在维持原薪酬不变的基础上尽可能选择更大的平台。不要觉得你进入了变现期，各个公司都抢着要给你下录取通知（offer），你就飘飘然不知所以了。即便你迎来了变现期，频繁跳槽也会让你快速贬值，尽在小公司打转也会让你贬值。不要做自贬身价的事，你就能让自己职业的花开得更加长久。

　　如果你在40岁左右的年龄跳槽，一定要重平台。选择一家能让自己安稳干到退休的大平台，避免出现50岁之后还四处求职却总吃闭门羹的情况发生。50岁之后就是衰退期（跳槽难度期）了，这个阶段求职不是你挑工作了，而是工作挑你。如果想避免这个尴尬，40岁的时候就要提前做好规划。趁年轻还有选择机会的时候，去选择一个能为你的下半场兜底的平台。所以，维持期和衰退期（跳槽难度期）要放在一起规划，这个阶段的选择依旧是平台优先原则。

　　一个扎心的现实是，大部分人一生都没有突破增值期，所以永远不可能迎来变现期。还有的人虽然迎来了变现期，但是过于急功近利，导致职业花期提前结束，颇叫人遗憾。职业生涯中的种种不如意是可以避免发生的，只要我们掌握了职业规划的技巧，人人都可以成为自己的职业规划师。

第三节　建筑人的职业发展是纵向横向交替出现

建筑行业的特征之一是一个技术密集型行业，几乎所有的管理岗位都是以精通技术为基础的，而技术的提升又需要时间的沉淀，所以**建筑人的职业发展是纵向横向交替出现**。纵向的路径就是升职，横向路径就是专注技术实力，纵向晋升是变现，横向拓展是增值，除了成长期和衰退期，增值期、变现期、维持期其实是一直反复交替出现的。增值期过后变现，维持变现期，维持变现期的过程中不断给自己增值，然后再次变现。健康的职业发展路径应该是呈现螺旋式上升状态的。树挪死，人挪活，事物是在运动中发展的，人的发展也是如此。

以施工员举例，先走纵向晋升路线，由施工员到工程部长，这期间大概需要1~3年的时间，如果你用3年的时间得到了晋升，至少证明你成功进入了第二阶段——增值期。那么在工程部长的岗位上你就需要横向拓展，即打磨技术实力和提升沟通协调等各项软性素质，为下一次晋升打基础。积累到一定阶段，你有可能再次获得晋升，成为项目经理。项目经理已经是一线的最高管理岗了。至此，应该说你的职业生涯迎来了第一波变现期。

一般人到了这个位置上再向上晋升就很难，有的人一辈子都只在项目经理位子上待着，如果你不甘心职业生涯止步于此，那么，你就需要再次进行横向拓展，比如尝试管理越来越大的工地，比如丰富管理的项目类型。当你横向拓展积累到一定程度之后，又会迎来再次的纵向晋升。比如，由项目经理晋升集团的工程副总，你的职业生涯迎来了第二波变现期。总之，职业发展路径遵循的是先纵向、后横向、再纵向的规律。

每一次变现期的到来，伴随的必然是再次进入增值期。如果增值期能顺利给自己增值，将会迎来下一次更高的职业顶点。但是，假如增值期过渡得不好，这就会成为你的职业瓶颈期，突破不了就永远停留在这里了，而你永远停留的这个点就是你的职业天花板。有的人做到项目经理可能就到了职业天花板，也有的人做到工程副总才算是到了职业天花板，还有的人能成为大型集团的副总裁才到职业天花板。当然，也有的人做了一辈子施工员，这样的人压根就没有进入过变现期，他连第一轮增值期都没度过。

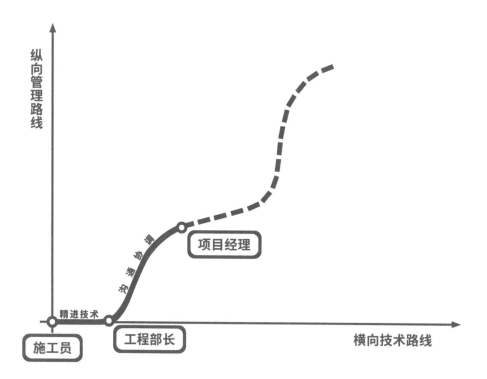

　　每个人的起点不同，可供利用的职业资源不同，那么他的职业天花板也不同。一般来说，学历越高，起点越高，职业天花板就越高；学历越低，起点越低，职业天花板也越低。而决定我们职业天花板最重要的阶段就是增值期的阶段，后面的章节会重点介绍，愿我们都能养成终身学习的习惯，不断进行自我更新迭代，在每一次人生的高光时刻都能保持头脑清醒，默默积蓄力量，冲刺下一波职业发展的高潮。

第三章

成长期的规划策略

建筑师的业是什么？直接地说是建筑物之创造，为社会解决衣食住行中住的问题，间接地说，是文化的记录者，是历史之反照镜。所以你们的问题十分地繁难，你们的责任十分地重大。

——梁思成

第一节　鉴别好平台的技巧

　　成长期的职业选择是平台优先，选什么样的平台呢？选能给你提供成长的空间，能让你变得值钱的平台。这样的平台具备三个特性：有行业影响力，有完善的培训晋升体系，有健康的人文环境。行业影响力可以为你增加光环，积累职场资本，助力你的下一次职业选择；完善的培训晋升体系可以为你提供成长的空间，使你可以在不跳槽的情况下完成增值期的突破，从而能顺利迎来变现期；而健康的人文环境是为个人成长期和增值期提供保障的。

　　我们到哪里去找这样的平台呢？或者说当存在这样的平台时，我们该如何鉴别出来呢？如果你是一名即将步入职场的应届生，正

在四处求职，那么面试时，请一定要问企业以下问题，以下是你的平台选择攻略，请注意听且务必牢记：

1. 假如我有幸入职贵公司，那么请问我在当前职务上，晋升的下一个岗位是什么？（考察有没有晋升体系）

2. 公司晋升到该岗位最快的人用了多久的时间呢？您觉得他是做对了哪些事，才使他得以晋升的呢？（考察有没有明确的晋升标准）

3. 那么，我需要做些什么才能让我尽快晋升到下一个岗位呢？（考察晋升标准）

4. 贵公司针对应届生，都会提供哪些方面的培训内容呢？（考察有没有针对应届生的培训体系）

5. 针对入职后表现欠佳的应届生，公司会采取什么样的措施呢？（考察公司对应届生的态度是否友好）

以上是面试时必问的问题，如果这家公司有完善地针对应届生的培养晋升体系，那么人力（HR）在回答的时候是**脱口而出**，几乎不需要思考的时间，而且**介绍得会非常详细**，因为这些一般都是公司的人力资源部制定出来的，HR不可能不知道。但是，如果对方回答得非常敷衍，甚至拒绝回答，那么就有问题了。要么是不想说，要么是根本就没有。如果不想说，那么这家公司缺乏对应届生的尊重，根本不值得去；如果是根本没有，那也不能去。

那如何考察公司的人文环境是否理想呢？如果你问完以上问题，HR还能耐心解答并且没有表现出不耐烦、冷漠，那就是一家好公司。面试官是企业的一份子，是你了解企业的窗口，面试官身上体现出来的态度和素质，就代表了企业的态度和素质。

健康的人文环境体现在友好和尊重，员工之间是友好的，企业跟员工之间是相互尊重的。相反，那些人文环境不好的企业，表现出来的就是相互不信任，人与人之间缺乏温情，企业和员工之间是相互算计，企业拼命地想压榨员工，员工拼命地想逃避责任。

如果你进入了人文环境不太健康的企业，即便对方有完善的培养和晋升体系，你最后也很难在其中长久地发展。因为环境对人的影响是非常大的，很少有人会在一个不健康的环境中长久地坚持下去。但是，频繁的跳槽又是建筑行业的大忌，所以我们在职场的第一家公司的选择一定要慎之又慎。

第二节 关于平台选择的两点建议

1. 尽量选择国企、央企

早些年，很多央企国企是不社招的，他们主要以校招为主，经过这些年的发展，他们已形成了一套成熟地、完善地针对应届生的培养体系。这些企业对应届生也是非常友好的，公司内部会提供宽松的成长环境。另外，大型央企国企，平台足够大，成长的空间也很大，可以在一家企业完成成长期和增值期。对于尤其注重稳定性的建筑行业来说，这无疑是巨大的优势。

小王统招本科学历，土木工程专业，一毕业就进入了一家国企总包特级公司，在这家公司一直做到了项目经理，年薪30万元。后来，他转岗去了下游的一家分包公司做工程副总，年薪40万元。小王的职业起点选择得非常好，大平台不仅为他提供了成长期的机会，且为他下一步增值期也提供了机会。所以，再次做职业选择时，职务和薪酬都得到了大的跃升。试想，如果小王一毕业进的是小公司，或者说中间频繁跳槽，还是用同样的时间，他能做到工程副总吗？显然是不太可能的。

2. 业内头部私企也是不错的选择

有些人说，我毕业的院校一般，进不去国企、央企怎么办？那你也可以退而求其次，选择大型私企。现在，有越来越多的私企开始注重人才的培养，他们也会通过校招来进行人才储备，招进来的新人也会提供比较完善的培养体系和晋升空间。

直播间曾经有位粉丝，普通本科学历，建筑学专业，校招进入一家民营设计机构从事建筑设计，6年时间从普通的建筑设计师做到了方案主创，再到项目经理。而这家普通的民营设计机构也由小做大，在全国已经有几千人规模，成为业内赫赫有名的大型设计机构，很多业内的设计公司都想挖这家公司的人。此时，猎头找到了他，通过猎头运作，多家大型设计机构都向他抛出了橄榄枝，他选择了其中薪酬最高的一家，年薪120万元。

这位粉丝朋友第一家公司选择的虽然是私企，但是他的职业发展之所以成功就是因为这家私企在行业内有着巨大的影响力，成了行业标杆，很多私企希望复制、模仿他们，这也为他们的员工再次做职业选择时提供了非常好的能力背书。

总之，在成长期的平台优先原则，指的是选择你能力范围内能选择的最好平台，而不是一味地只盯着头部企业。处于成长期的职场新人，必须要学会借助平台的力量让自己迅速成长，平台和个人是相互成就的。优秀的企业都会建立自己的造血机制，造血机制就是培养人才的机制。而优秀的个人也都注重自我的成长，他们明白平台对个人最大的价值就是为员工提供不断成长的机会。

　　成长期贯穿了我们整个职业生涯，这是我们职业生涯的起点，也是我们职业生涯的终点。所以，不仅成长期重平台，在职业生涯的每个阶段都必须要考虑平台因素。只不过不同阶段，平台因素所占的比重不同而已。如果起点没走好，你一开始就输在了起跑线上，以后无论你怎么跑，你可能都比别人慢，或者偏离了你的职业目标。说它是我们职业生涯的终点，是因为你要养成终身成长的习惯，即便以后你已经成为一个工作经验丰富的职场人，你也不能停止成长的步伐。你有怎样的职业生涯，就拥有怎样的人生！

建筑新人如何在职场快速脱颖而出？

成长期的新人，如果想在波谲云诡的工程圈子脱颖而出，需要关注三方面：一是锤炼技术实力；二是历练人情世故；三是考取相关证书。

之前，我就说了建筑行业是一个技术密集型行业，不懂技术的人得不到晋升的机会，所以锤炼技术是我们进入职场的首要任务。你需要把大学四年的理论知识在实践中去印证一下，毕竟项目经理是干出来的，只有理论而缺乏工程实践经验的人是干不好项目经理的。要想锤炼技术，第一件事就是先给自己找个师傅，这是所有职场新人进入职场必须先做的。

经常有成长期新人对我说，没有师傅带，自己又什么都不懂，怎么干呀？通常公司会给你安排师傅，但是即便公司没有给你安排师傅，你也要自己找师傅。平时，跟公司的老师傅们多套套近乎，不忙的时候给师傅打打下手，师傅严格教导你的时候别还嘴，脸皮厚点儿。中国有句古语，教会徒弟饿死师傅，所以如果你想多学艺，你就要主动些、积极些。

除了锤炼技术实力，我们还要历练人情世故。没有哪个行业像工程行业一样，需要高度跟别人配合，才能完成一个项目。期间涉及跨专业协作、跨部门协作、跨公司协作，工程人需要的不仅是技术能力，还需要精通人情世故。看似是在完成一个项目，其实是在考验为人处世。工程行业就是一个复杂的小社会。干工程的人都知道，在工地上什么样的人都会遇到，如果不会说话、不会做人，很容易吃亏。

那如何避免吃亏呢？嘴甜、手勤、脑子快，这样的人在哪里都受欢迎。有的人嘴笨，不擅长说好听话，那你就把手头的活儿先做好，任劳任怨也是一种美好的品质。如果你嘴笨又懒，那就不妙，这样的人到哪里都不受待见。还有一点，切忌耍小聪明，你以为别人看不出来吗？别人只是不点破而已。混职场的人都懂得这点人情世故，看破不说破，但是人家会自动地远离。一旦大家都认为你是个爱耍滑头的人，那么就没有人愿意教你东西，领导有好事也不会想着你，好运自然也远离了你。

最后，别忘了忙碌之余看看书，为考证做准备。好多人在直播间跟我吐槽说，工作太忙了，顾不上看书考证，我觉得这都是借口。你要分清孰轻孰重，重要的事就一定要拿出时间来先做。有句话不是说，时间就像海绵里的水，挤挤总会有的。考证就是一件非常重要的事,所以趁着年轻、脑子好使,一定要先把证书考下来。

证书是你在建筑行业发展的必要而非唯一条件,这句话的意思是你必须要有证,才有晋升的机会。但是,你如果仅有证,也未必有晋升的机会。证书也不是越多越好,考自己相关领域的证书就行了。我们考证的目的是助力我们的职业发展,而不是为了考证而考证。

有的人明明从事的是施工管理,不考一级建造师证,却考了注册监理,还有的人明明从事的是造价咨询工作,不去考取注册造价师证,却考了一级建造师证等等,情况不胜枚举。考证需要耗费时间和精力的,人的精力有限,在这方面用得多了,在别的方面自然就少了。所以,我建议大家一定要考取本专业证书。未来,建筑行业是注册师个人负责制,没有证书的人在建筑行业没有未来。

🏗 附上各专业考取证书清单:

❶ 施工项目经理:一级建造师

❷ 造价经理:注册造价师

❸ 总监:注册监理工程师

❹ 建筑设计:一级注册建筑师

❺ 结构设计:一级注册结构师

❻ 水暖电设计:注册水、暖、电工程师

❼ 勘察设计:注册岩土工程师

建筑新人总想提桶跑路怎么办？

　　建筑新人总想提桶跑路，这可能是所有处于成长期阶段的人面临最多的一个问题。总是有学生在直播间问我，刚毕业进工地不久就想提桶跑路怎么办？问他为什么提桶跑路，回答最多的是跟我一起来的同学几乎都跑了，我在犹豫是不是也该跑。关于这个问题，我的答案永远都是，一定要坚持。

　　只有坚持下来才会有成为企业管培生的机会，成为管培生意味着什么呢？意味着别人要用10年时间达成的职业目标，你可能5年时间就达到了。比如，三总五项（三年总工五年项目经理）的奇迹，就有可能在你身上发生。很多大型企业每年校招量都在千人左右，是他们确实有这么大的用人需求吗？其实不是。往往是一场校招呼啦一下子来了1000人，实习期结束就走了一半，不到一年时间，一多半的人都走了，而留下来的那部分人就会成为公司的管培生。所以，提着自己的桶，走自己的路，让别人跑路去吧！

　　如果说这么大的好处还不足以让你坚持下来，那你再想想，如果离开，会造成什么样的后果？这个后果是你能承担的吗？首先，提桶跑路你就会失业。你可能会说，离开这里我还可以找到别的更好的工作。但现实是，你离开了很难找到更好的工作，要么是长期的失业，要么找到的还是跟之前一样的工作，但是平台会比现在的还要差。不信，你就去看看那些离开的同学们，哪个混得特别好的？作为没有任何经验的应届生，你们在人才市场是没有竞争力的，大部分企业都不愿意招学生，你们唯一可以顺利就业的机会就是校招。错过了这个机会，你会付出更大的代价，这不是危言耸听，这是现实的教训。

其次，你大学四年白读了。如果你打算提桶跑路，那么请先问自己，你是打算彻底放弃你的专业了吗？如果不想放弃专业，那就必须坚持下去。因为这个专业的工作环境就是这样的，即便提桶跑路，换下一家依旧是这样的情况。我知道有好多人，一毕业就转行，这是非常可惜的。好多学生都来自农村，父母面朝黄土背朝天，省吃俭用供你们上大学，好不容易盼到你大学毕业，可以挣钱了，你却因专业问题无法实现就业？

小李是铁道大学土木工程专业的毕业生，由于铁道大学是中铁的对口校招企业，所以小李通过校招顺利进入了中铁，被分配到项目上后，由于不适应偏远地区的工地环境，小李就离开了。离开后，一直找不到工作，小李开始后悔了，家人也都很着急，最后不得已花了很多钱疏通关系给他安排进了事业单位。工作倒是清闲了很多，但是拿着微薄的薪水，躺平混日子。我问小李，如果再给你重新选择一次的机会，你还会离开中铁吗？他斩钉截铁地说，肯定不会呀！

🏗 结论

> ❶ 应届生根本没有提桶跑路的资本，因为你没有选择的余地！
> ❷ 提桶跑路的后果很严重，代价远比你想象中要大得多！
> ❸ 坚持下来才是利益最大化的选择！

第五节　职场新人需正确面对吃苦的问题

有一位即将毕业的学生后台留言：张老师，我是一名土木专业的毕业生，但是我不敢进入这个行业，我听说这个行业很苦。也经常有建筑的职场新人进我的直播间问，您如何看待吃苦这个问题？这是成长期新人常会面临的又一个问题。既然避不开，那今天我们就来聊聊这个话题。

首先，要明确一点，吃苦是人生的常态。不吃身体的苦，便要吃精神的苦；不想年轻时吃苦，那就老来吃苦。先苦后甜，还是先甜后苦，你总得选一样。要我说，我宁愿选择先苦后甜。年轻时吃点苦没什么，因为你无家无业，一人吃饱全家不饿，即便吃苦只是你一人吃苦；但若是人到中年，拖家带口，再去吃苦，那苦的可就不只是你一人了，还有你的父母、孩子、配偶要陪着你一起吃苦。

建筑行业的苦就是一年到头没有正常休息日，忙起来不分白天黑夜，常年在外漂泊，很多人光听到这几条就想打退堂鼓了。但话又说回来，我们年轻时吃苦是为了将来不吃苦，苦尽才能甘来呀！成长期就是去做自己该做的事，而不是只做自己喜欢做的事。倒逼自己去做该做但是不想做的事儿，本身也是一种吃苦——吃自律的苦，不想吃自律的苦，就只能吃生活上的苦了。

　　建筑行业的应届生，假如你能吃得了工地上的苦，将比别人更快晋升到项目经理。如果你起步的平台比较好，比如中某局一些头部企业，你能熬到项目经理，也许跳槽出去，就可以挑战小一点平台的工程副总，那么就彻底完成了从现场一线的管理人员到集团机关的管理人员的跃升。正因为大家都觉得建筑行业苦，没人愿意来干，所以专业素养较高又能吃苦的人就能在建筑行业脱颖而出。建筑行业不缺能吃苦的人，但是建筑行业缺有专业素养还能吃苦的人。

　　职业选择就像围城一样，城内的人想出去，城外的人想进来。归根结底，还是因为人都向往自己没有拥有的东西，而人的痛苦也恰来自于此。当你在荒无人烟的山区里吃土，羡慕着城市里可以享受灯红酒绿的热闹繁华时，可能同样有城市的红男绿女在向往着大山里的淳朴和原生态；当你苦于无法与家人常聚，羡慕别人老婆孩子热炕头的时候，可能那个被你羡慕的人正在幻想着逃离这种天天跟老婆吵架、一地鸡毛、不得安宁的生活；当你在工地累得只剩倒头就睡的时候，可能那些高档写字楼里的白领或许正经历着失眠、抑郁的折磨，渴望有一天能倒头就睡。

　　既然我们选择了建筑行业，就必须要做好足够的心理准备，迎接来自行业的考验。上帝为你关上一扇门，必然给你打开一扇窗，我们要从积极的视角来看待这个行业。因为做了建筑人，跟家人的聚少离多使我学会了珍惜亲情、友情、爱情；因为做了建筑人，不花费一分钱我走遍了祖国的大好河山；因为做了建筑人，我在荒无人烟的青山绿水间体会天地悠悠独怆然而涕下的慷慨、悲壮等，不胜枚举。学着做个职场的修行者吧，能苦中作乐也是一种难得的人生境界。

第四章

增值期的规划策略

我相信有情感的建筑，"建筑"的生命就是它的美。这对人类是很重要的。对一个问题如果有许多解决方法，其中的那种给使用者传达美和情感的就是建筑。

——路易斯·巴拉干

建筑新人进入增值期的方式

　　增值期择业是职务优先原则，判断自己有没有进入增值期的标准之一就是，你的职务或者工作内容有没有变化。如果你参加工作以来，一直干着同样的重复性工作，那你还处于成长期阶段。如果你已经干这份工作很多年，那你非常危险，必须尽快想办法进入增值期。如何进入呢？这里给大家提供几种方法。

1. 职务变迁

　　职务变迁的体现方式之一就是轮岗，这同时也是公司把你列为重点培养对象的标志。当你经过成长期的初期阶段且表现优秀，你就会顺利进入增值期。传说中的三总五项（三年总工五年项目经理）就是以轮岗的方式快速获得晋升的。如果你未来的职业目标是项目经理，那么你首先需要轮岗去了解项目管理的全貌，对项目上的各个核心岗位有深度了解，然后才能做项目经理。

　　小李是一名即将毕业的土木学生，985学校研究生学历，已经接了中某局的offer。但是令他苦恼的是，他担心会频繁轮岗换工地，因为之前毕业的师兄就是这样的，有的时候一年换好几个地方。后来，经过跟我的沟通，他才明白原来轮岗是为了培养他。有很多新人跟小李一样，明明是在培养他，他却当成是负担。如果你学历低、能力低、表现差，你未必有轮岗的机会。我们要学会识别机会并且懂得抓住机会，不然就会错过职场发展的好时机。

2. 主动承担本职工作之外的其他工作内容

如果领导总是不给你轮岗的机会怎么办呢？这时候我们就要自己想办法，主动承担本职工作之外的其他工作内容。增值期的任务就是拓展能力边界，而拓展能力边界的方式就是去挑战不同的工作任务。增值期不是只能靠职务变迁才能实现的，在原单位不断接触一些新的工作，也是让自己增值的方式之一。

在职场上，领导想培养谁，首先就是给他更多的工作任务。如果他完成得特别好，下次会尝试给他一些更难的任务，而他个人的能力就在这个过程中被不断地激发出来了。如果你想尽快进入增值期阶段，不要等领导安排了，而应该自己主动去承担额外的工作。领导都喜欢主观能动性强的人，也许领导一开始并没有想要培养你的意思，但是当你对工作表现得积极、主动，也许领导就会关注到你，机会都是靠自己争取来的，而不是等来的。

以上是给大家提供的两种进入增值期的方式：职务变迁和主动挑战更多工作任务。增值期积累得好，你才能迎来变现期。增值期的能力拓展，核心是增强你的职业竞争力。如果你只会做预算，那么就会特别容易被替代；但是，你不仅懂预算，还会造价、会商务、会经营，那么能替代你的人就特别少了。因为要同时发展这么多项能力，非短期能培养出来的。这时，你就具备了谈条件的资本，你就会顺理成章地迎来变现期。

　　未来的建筑行业需要的是复合型人才、跨界型人才，这对我们建筑人就提出了更高的要求，你不仅要技术过硬，还要同时具备商务能力、创新能力等；你不仅要懂建筑行业，还要懂人工智能、智能建造等行业。你看，未来的建筑人需要这么多技能，我们怎么能偷懒呢？所以，利用好你的增值期，抓紧时间让自己成长吧！最后，再叮嘱一句，千万不要长期干重复的低价值、替代性强的工作，这样会让自己变得越来越平庸。

第二节 | # 如何争取轮岗机会？

　　职务变迁要么靠晋升、要么靠轮岗，晋升不太好实现的时候，我们就先轮岗。但是，大家面临的问题是，领导不给轮岗怎么办呢？如果你现在进入职场已经满3年，但是职务和工作内容都没有任何变化，那么赶紧找领导去协商，务必给自己争取到轮岗的机会。很多人都犯怵找领导沟通，其实跟领导沟通是有一定技巧的。只有掌握了沟通技巧，沟通才能达到效果，争取到自己想要的机会，因此每位职场人都需要掌握这项技能。下面给大家梳理了一些沟通话术，作为参考。

1　　**领导，我入职公司这么久了，很认同咱们公司的理念，也希望能跟随公司一起发展，也不知道领导对我入职以来的工作表现是否满意，哪里还存在不足，希望领导批评指正！**

点评　首先，表明立场，认同公司，希望跟公司一起发展；然后，请领导对你的工作表现打分。这个环节的沟通一定要注意，不要光听领导夸奖你的部分，因为大部分领导在没有看到你的诚意之前都是先说些冠冕堂皇的赞誉之词。如果领导真的只说你好的地方，那你一定要抛出第二个问题。

2　感谢领导对我的认可，但是我知道我的工作还存在很多不足的地方，这次也是真诚地来向领导请教的，希望领导能给予一些指示，我接下来也好知道怎么调整自己的工作方向。

点评　领导肯定对你的工作有不满的地方，否则早给你轮岗了。所以，不要光听到好听话就飘飘然了，还要进一步表明诚意。这样，领导才愿意对你敞开心扉。如果领导在你的虚心求教之下，直言不讳地说了很多对你的不满。你千万要顶住压力，不要不停地解释，解释就是掩饰。领导一旦看到你这种态度，他会立刻关闭心扉，沟通就前功尽弃了。在领导长篇大论表达了很多对你不满的言论之后，你要接着表态，请参考话术3。

3　非常感谢领导的批评指正，我接下来一定按照您的建议调整一下我的工作方向，假如年底（也可以是明年，时间可以随你的实际情况调整）我的绩效表现是优秀，那么您看我有轮岗的机会吗？

点评　同样是先表态，虚心接受领导的批评，然后在有条件的前提下（绩效表现优秀）提出自己的诉求，看领导如何回应。如果领导态度敷衍，顾左右而言他，那轮岗机会渺茫；如果领导给予了你很多鼓励，甚至给你描绘了很多美好前景，俗称"画大饼"，那么就有戏。好多人反感领导画大饼，事实上领导希望留住谁，才会给谁画大饼。如果你在工作中经常遇到领导私下给你一人画大饼，别管这个大饼以后能否吃到嘴里，至少传达出一个信号，领导对你很满意，希望留住你。

　　经过以上沟通，领导对你的态度到底是如何的，你多半心里已经有了判断。如果你感觉轮岗的机会渺茫，那么你依旧要努力工作，而不是想着浑水摸鱼，甚至跳槽。因为情况是一直在变化的，领导的想法也是会变化的。也许，当前领导没有给予你许诺，但是焉知领导不是想继续考验你呢？你只管努力，老天自有奖赏。

第三节 | 你不主动求变就会被动下岗

　　增值期面临的常见问题是不愿意离开自己的舒适区和害怕承担压力，大部分人在择业的时候更倾向于自己做过的擅长的职务，对于没有做过的就会本能抗拒，但恰恰是你抗拒的才是你该选择的。还有很多人一生都没有突破增值期，所以也不可能迎来变现期。

　　增值期的目标是不断拓展能力边界，只有去接触陌生的、未知的领域，才能拓展能力边界。比如，你原来是做施工员的，那么如果再做选择就不要再干施工员了，既可以选择向上去做工程部长，也可以选择轮岗去做技术员或者商务，但是你不能在施工员这个岗位上一直待着不动。

　　大家应该都听说过温水煮青蛙的故事吧？把一只青蛙放在40℃的水里，青蛙会因受不了高温而立即跳出水面。但是，如果把青蛙放到了冷水的容器中，然后慢慢加热，青蛙就会因为舒适的水温而放松了警惕，一直到水温过高时，它已经失去了逃生的能力。很多人都跟青蛙一样，猛一下子到一个新的项目上，接触的都是不熟悉的环境和人，就会本能地想逃离，所以增值期应该是职业生涯中最难度过的一个时期。

比如，那些数十年如一日干着同一份工作的人，之前经常有人在直播间吐槽，干了10年资料员好迷茫，干了10年安全员好迷茫，干了10年预算员好迷茫，等等不一而足，基本都是差不多一样的情况。我就想问这些人，你为什么能在一个岗位上干10年？这些基层岗位通常都简单、易上手，干久了，则非常容易让人陷入舒适区而不愿意接受难度更大的工作挑战。

我们十年如一日干着一样的工作，创造的价值数十年如一日的不变，又怎么指望薪资会变呢？因为薪资就是你的价值体现。你值多少钱，领导才会愿意给你多少钱。其实，我们不是没有成长的机会，公司也是愿意培养新人的。因为公司要发展，就必须培养人。但是，这样的机会来了，我们自己是否能把握得住呢？

经常，听到一些人吐槽，领导总是安排一些超出我能力范畴的事情给我，领导是不是看我不顺眼，故意给我找茬儿？你看，明明是想培养你，你却当成了是给你的负担，于是消极抵抗，没有好好表现。领导交给你一件事，你能办得好，下次会给你更多的事让你去做，你的能力就在这种过程中被磨炼出来了。领导给你一件事，你没有办好，下次就不会再给你安排事情。看似你是躲过了一劫，其实你是错过了职业发展的机会。

逃避压力，喜欢在舒适区待着，几乎是人的本能。所以，很多人数十年如一日地待在同样的岗位上，待在同样的环境中，本能地抗拒领导给的新职务、新的工作内容，就是因为不想承担压力。可是，人无远虑必有近忧，当外部市场环境发生很大变化的时候，这些人都是最先被淘汰的人。

　　现在的建筑行业，正在经历着行业格局的洗牌和巨变。如果你不能主动求变，你就会被动下岗。当领导给你加派任务的时候，就是你成长的机会。你能抓住每次成长的机会，你才能不断地拓展自己的能力边界。你能做的事情越多，你的价值就越大，直至最后成为公司不可替代的骨干员工，你说，你还怕失业吗？应该是老板一天到晚提心吊胆地担心你炒他鱿鱼吧！

| 第四节 | 增值期不适宜跳槽 |

给增值期的建筑人一点忠告：增值期不宜跳槽。我发现好多人都喜欢在增值期跳槽，考下注册证了，打算换家单位，不明白为啥考下注册证就想跳槽？刚晋升了工程部长，没干多久，就觉得晋升项目经理很难，所以打算跳槽。工程部长的位子还没坐稳呢，怎么晋升项目经理？以上这些情况都是我们在职场中常见的心态。对照自检一下，你有没有犯类似错误？增值期频繁跳槽是职场大忌，会给你未来的职业发展带来很大的隐患，具体原因请接着往下看。

1. 只有原公司才会给你提供试错的机会

增值期的特点是要不断地去挑战自己不熟悉、没做过的领域，那么这期间必然就会带来试错成本，而试错的成本和代价主要是由公司来承担的，因此培养人在任何一家公司都是一件高成本、高风险的事。之所以说，只有原公司才愿意给你提供试错的机会，主要是基于对你以往工作表现的了解和认可。但是，新公司就不会有这么高的包容度了，他们不了解你以往的水平，怎么可能贸然让你去干没干过的工作呢？

有好多工程师在直播间听我讲了增值期要变换职务，于是他就辞职了，说要去换一家公司，挑战新工作。辞职后，才发现他很难找到理想的愿意给他提供新工作岗位的公司，因为你把工作干砸了，最后买单的是公司，公司是不可能为新人去承担这种风险的。

所以，增值期跳槽，大概率获得的职务还是你原来干过的职务，这种跳槽就没有任何意义。

2. 忠诚度是非常重要的软性指标

增值期跳槽还容易让自己贬值，所有的企业在招聘公司的核心岗位时都会考核一个重要的指标，就是忠诚度。而频繁跳槽的人，无疑会被企业贴上缺乏忠诚度的标签。在实际招聘中，大部分HR都会对我说，那种三两年一跳的人就不要给我们推荐了。

我们增值期所做的一切，都是为了迎来变现期。那么，这个过程中我们就必须明白，哪些是我们该做的？比如，通过轮岗去不断拓展能力边界；哪些是我们避免做的？比如，不能频繁跳槽。有的人毕业就进入大平台，一直干到中层管理才跳槽，直接就进入了变现期，就是因为增值期堪称完美。

建筑行业是一个技术密集型的传统行业，所以它的用人特点一是注重个人技术的沉淀；二是人的稳定性。曾经不止一个老板跟我说，如果一个人没有在一家公司干到5年以上，他是不可能学到这个公司的精髓的。所以，那些频繁更换单位的人，不仅缺乏稳定的忠诚度，而且技术的沉淀也好不到哪儿去。

有一位来我直播间咨询的粉丝，他毕业后直接进了中某局，干了4年，被提拔为工程部长。他说，感觉再往上晋升很难，想要跳槽，可是面试了几家公司给他的职务依旧是工程部长。为什么他的职务无法升迁呢？因为他没有一级建造师证，而且毕业仅有4年时间。虽然是工程部长，可是毕竟刚升上去，并没有以工程部长的身份全流程干完过一个项目。说得直白点，技术实力不够。他现在跳槽职务是原地打转，没有任何意义不说，还容易给人留下跳槽频繁的坏印象，得不偿失。

于是，我建议他先不要跳槽，继续在这家公司沉淀几年，在这几年中把一级建造师证考了，然后把当前这个项目完整干完，这样他再次做选择的时候也许就可以晋升项目经理。有一级建造师证，又有完整的项目经验，而且中途无跳槽，这个时候他的年龄大约30来岁，整个履历干净、完美，是所有企业都喜欢的有技术实力又具备忠诚度的优秀人才，何愁迎不来变现期呢？所以，大家千万不要着急，有些东西必须是年龄到了才能拥有的，你想过早得到也不可能。

第五节

增值期要做的三件事

　　增值期是职业生涯中承上启下的时期,一方面要在成长期的基础上做突破,另外一方面又要不断地做横向积累和拓展。这个阶段积累得好才能迎来变现期,它对我们如此重要,所以大家一定要重视这个阶段。如何把这个阶段走好呢? 有三个步骤:

1. 找到自己的职业目标

　　我把职业目标划分为职务目标、薪资目标和个人价值体现目标,如果你没有职业目标,就像船只航行在大海上没有灯塔一样,你会找不到方向。刚进入职场的新人要做的第一件事就是确立职务目标,比如刚进入职场时我是技术员,那么我的下一个目标就是用3年时间晋升到技术部长,这就是职务目标。当有了几年职场经验,而且随着年龄渐长,成家立业后,你就开始希望自己的年薪能达到什么水平,这样才可以过有质量的生活,这就是薪资目标。当你的薪资已经达到了理想状态,你就开始渴望别人的认可和尊重,这就是个人价值体现目标。

职务目标是成长期考虑的事儿。只有达到了你的职务目标，才意味着你顺利进入增值期，而薪酬目标是增值期需要考虑的事，只有达到了薪酬目标，才说明你增值期积累得很好，已经成功进入了变现期，而个人价值体现目标是变现期考虑的事。当你不仅拿到了高薪，而且工作也让你很有成就感，成就感又激发了你对工作的热爱。你做着自己热爱而又能拿到高薪的工作，这应该是每个职场人的梦想吧？如果你做到了，那代表你实现了个人价值体现目标。

2. 自我审视与时时复盘

确立了职务目标后，我们要开始进行自我审视，我当前的起点在哪里？我距离下一个职务目标还有多远的距离？我当下可以做哪些事缩短这个距离？

还是拿技术员举例，这是我当前的起点，而我的下一个职务目标是技术部长，那么我首先要对标所在企业现在的技术部长，观察他每天的工作内容，再对比自己现有的工作内容，同时，还要分析这些工作内容体现了哪些方面的能力，把这些对应的能力提炼出来，这就是你跟技术部长的差距。然后，开始行动起来，主动去承担技术部长的部分工作职责，这就是增值期的开始。

3. 顶住增值期的压力

当我们确立了职务目标，找到了差距在哪里，开始行动起来去缩短这个差距的时候，我们就会发现，理想很丰满，现实很骨感，过程很辛酸。之前你觉得，那些领导有什么了不起，整天坐在办公室喝茶，活儿都是我们干的。等你真正地开始涉及部分领导职务的时候，你才明白，原来这其中会牵涉这么多要考虑的问题。

　　无论过程多么难，千万要顶住这个压力，不能退缩，这就是你第一轮突破职业瓶颈期的过程。能成功突围，你的职业生涯就能上一个台阶。这个过程一定不会让你太舒服，成长本来就是痛苦的。压力太大的时候，一定要懂得向外求助。你的领导、前辈、同事等，他们会给到你正确的指引，帮你成功度过职场转型期，而不是第一时间想让自己退缩。

　　增值期这个阶段如果修炼得好，那么你的能力、认知和眼界都将会得到全面提升，你的自我效能感会越来越强，从而跃跃欲试地想去挑战更高的职业目标，因为你已经经历过了挑战未知的不熟悉的领域的这个过程，并且你成功走过来了。因此，你对自己充满了自信，你相信没有什么难题会再难倒你，兵来将挡，水来土掩，你已经做好了向更高的职业目标前进的准备，似锦前程在向你招手，变现期的红利已为你备好。

第五章

变现期的规划策略

任何一种建筑，最初都是实用的。它的美学意义是附加的。但是，
随着岁月的流逝，在实用性和美学之外，它还会产生第三种意义，
那就是成为一座城市的精神符号。

——张柠

第一节　你到变现期了吗？

变现期是职业生涯的高光时刻，职级和薪资都会迎来一个大的涨幅，有两种实现途径：一是在一家公司按部就班晋升到高级管理；二是去低量级平台挑战高职务。第一条途径实现起来比较难，大部分人都是走的第二条途径。所以，大部分人的变现期都是通过岗位提升来实现的，而且通常是在上一家公司沉淀了很多年，一到新岗位就实现了跃升。

那如何评估自己是否到了变现期呢？换言之，如何掌握变现期的跳槽时机呢?有一个简单、直接、粗暴的评判标准，你不缺工作。当你发现在市场上，都是你挑工作，而非工作挑你，你就具备了进入变现期的条件。当你手里捏着一打offer不知道该如何选择的时候，你就具备了谈判的筹码，变现期择业薪酬优先原则也正是如此。

变现期的另一个评判标准是新offer的薪酬和职级均有大幅跃升。如果说下offer的企业虽多，但是要么薪资不理想，要么职级不理想，你面临的一直是高不成低不就的状态，那就说明你的增值期积累还不够，此时跳槽欠点儿火候。就如很多自认为很优秀的大龄剩男剩女一样，总认为是自己太优秀了很难遇到与之匹配的人才剩下的，其实只是因为你的能力配不上你的野心。

变现期的到来既需要我们前期做充足的准备，同时也需要在时机到来的时候能果断抓住时机，如果说你没有意识到自己的变现期已到来，错过了最好的跳槽时机，也同样迎不来变现期，别忘了还有年龄限制。大部分企业招聘高管的年龄极限是45岁以内，以后这个年龄还可能缩短，趁着年轻还有选择机会一定要果断做出选择。

王工现任职于某央企项目经理，自毕业就进了这家央企，在这里干了10年，多次被评为年度优秀员工，自己管理过的项目好几个都获了大奖。但是，最近他很苦恼，他认为职业发展到了瓶颈期，拿不定主意要不要离开，我看了他的履历，对他的个人情况做了一些了解后，建议他离开。果不其然，他的简历一放到市场，立刻有好几家同量级的央企给他下offer，薪资都比他现在的公司给的高。但是，最后在我的建议之下，他选择了业内一家比较知名的私企上市公司，职务是工程副总，年综合收入接近百万。之所以建议他放弃大型央企的机会，选择规模比较大的私企，是因为我评估了他的情况之后，认为他已经具备了变现期的条件。此时，选择低量级平台挑战更高职务，对他来说才是价值最大化的选择。

大量国企、央企的人，他们的学历背景都很棒（没有这个学历也很难进入国企、央企），专业素养也很高，但是一问薪资普遍偏低，而且发展到了一定阶段，就很难再有进一步晋升的机会。但以他们的能力水平，又都是各大私企争抢的优秀人才。所以，我经常建议这些人发展到瓶颈期时，不妨跳出去看看。树挪死，人挪活，不要在一个地方死磕。

　　转岗或跳槽是人在职场不可避免的事情，无论是企业还是个人都应该正确地看待这件事。对企业来讲，要想发展，就需要不断地进行人才梯队的优化，让具备技术实力但是年龄偏大的人出去，也可以给后起之秀更多的晋升空间。对于个人来说，让人才流向真正需要的地方，而不是一群优秀的人挤在一起拼命地内卷，这也是对自己负责的一种态度，人尽其才，各得其所。

第二节　职业生涯的七年之痒

很多人进入变现期后，容易出现职业倦怠，刚进入变现期时，你感受到的是激情，是每天满满的工作热情，现在最初的激情消退，取而代之的就是不知道下一步该追求什么。好像什么都有了，担任高职，拿着高薪，做着受人尊重的工作。同时，工作做得越来越熟练，也越来越没有挑战性了，因此会觉得无聊乏味，其实你是到了职业生涯的七年之痒了。破除职业生涯七年之痒的方式就是做横向拓展，这属于变现期内的再增值。之前说过，增值期就是不断地去挑战未知，挑战不熟悉的领域。给自己设置一定的工作挑战，可以重新焕发你的工作热情。

职业生涯的七年之痒阶段还会伴随的一个症状就是，触到职业天花板。每个人的职业天花板均有不同，这是由每个人的起点和所处环境决定的。如果你是大专以下学历，可能做到项目经理，就是你的极限；如果你是统招重点本科学历，可能工程副总，就是你的极限；如果你是研究生以上学历，可能大型集团总裁、副总裁，就是你的极限。反之来看，如果你是研究生以上学历，你最多做到了项目经理，那你算是混得差的；如果你是统招本科学历，你都没混到项目经理，你也是混得差的。

每个人的起点不同，职业天花板也不一样。学历越高，职业天花板越高；学历越低，职业天花板也就越低。假如你已经触到了职业天花板，那么最好的突破方式依旧是在原职务上做横向拓展，而横向拓展最有价值的莫过于积累业绩。建筑行业的特征之一是一个技术密集型行业，几乎所有的高管岗位都对技术有要求，所以业绩的积累对建筑人显得尤为重要。业绩积累到一定阶段，你还可以迎来再次的晋升。

我们拿项目经理举例，刚开始做项目经理的时候，也许只会给你小项目，随着你的管理经验越来越丰富，领导就会分配给你越来越大的项目。你管理10万平方米以下的项目，和你管理百万平方米的项目，所需要的管理能力和薪酬能一样吗？当你管理的项目越来越大，你的薪酬必然越来越高，同样，你的职场竞争力也会越来越强，至少可以保证你难以被人所取代，这是在项目规模上做横向拓展。

此外，我们还可以在项目类型上做横向拓展。比如，你原来只会管理房屋建筑项目，后来你开始参与管理市政项目、管理公路项目等。你所管理过的项目类型越丰富，你的职业竞争力也会越强。现在，很多公司都在搞多元化，尤其是一些大型央企，几乎没有哪一家只擅长一个领域的，他们都是在多个领域齐头并进来发展的。如果你擅长多种项目类型的管理，无疑就会成为这一类型的企业想重点招募的优秀人才。

但是，也不是说管过的项目类型越多越好。如果你总是在多个领域频繁切换，也会导致你什么都不精，什么都会相当于什么都做不好。最好的状态是你同时在两个领域内是专业的，但是接触过多个领域的项目，能做到两专多通即可。之所以要求至少在两个领域内是专业的，是为了规避职业生涯的风险。如果你只擅长一个领域，比如房屋建筑，那么房屋建筑下行的情况下，你就会面临失业的风险，但是，你不仅擅长房屋建筑项目，还擅长市政项目，那么

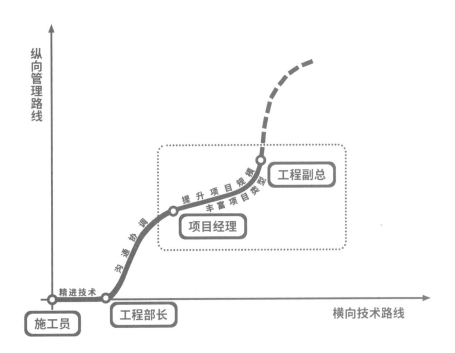

房建不行可以去市政，市政不行可以去房建，总归你不会失业。所以，职业生涯规划遵循多条腿走路的原则。

　　建筑人的职业生涯是一个纵向横向交替发展的过程，我们在变现期之前，应该说一直走的是纵向晋升路线。在变现期之内，我们就需要横向拓展，横向拓展积累到一定程度后又能迎来再次的纵向晋升。总之，变现期阶段，我们必须不断提升专业素养，在所在领域不断深耕。职场的发展是量变到质变的过程，积累到一定阶段自然能再次跃升，即便跃升不了也能保证不被淘汰。愿所有建筑人但行好事，莫问前程！

四库一平台业绩很重要

　　既然业绩对我们如此重要，那大家应该很关心自己做过的业绩如何提供证明呢？之前你做过什么业绩，只要单位给你罗列一下再盖个章就是业绩证明了，但是现在你做过什么业绩，你说了不算，四库一平台可查的才算。作为建筑人，你不可能不知道四库一平台吧？这是国家住房和城乡建设部于2017年投入使用的一个平台。简而言之，可以理解为建筑行业的大数据库，是建筑行业进入数字化管理的一个标志。

　　由于四库一平台投入使用时间较短，因此在四库一平台录入业绩的人非常稀少，但是有关部门为了建筑行业管理规范化又在强制推动该平台使用，这就导致具备四库一平台可查业绩的人非常值钱。举个例子，求职时，假如你的个人能力只能够到项目经理，但是由于你的名下有四库一平台业绩，你也许有机会晋升工程副总；再比如，假如你仅有一级注册建筑师证书，那么你的证书补贴，每年最多5万元左右。可是，如果你的证书下面有四库一平台业绩，那你的证书的市场价值最高可达20万元左右。为什么这个业绩如此值钱呢？且听我细细道来。

　　众所周知，建筑行业所有的项目都必须走公开招标流程，而在竞标时业主都要核查参与竞标企业的技术实力，而技术实力最主要的体现就是看你提交上来的技术骨干名下有多少四库一平台业绩，名下积累的业绩越多、规模越大，就越值钱，因为可以提升企业竞标时的竞争力，加大中标概率，为企业带来经济效益。还有企业申办资质时，提交的技术负责人名下也必须有相应的四库一平台业绩，否则资质都申办不下来。

由于这个业绩太重要了，导致很多企业在录入业绩的时候，只会考虑录入到高管名下。如果你在企业的任职时间不长，或者让企业感觉你随时会走，存在不稳定因素，那么企业是不会给你的名下录入业绩的。同样，假如你的名下本来就自带业绩，那么企业为了想深度绑定你，自然也会给到你好的待遇和职级。

未来的建筑行业为了贯彻质量安全管理，将会是注册师终身负责制，这就说明所有你做过的业绩，你签字盖章的项目，你要终身负责。所有这些业绩都会录入四库一平台，一旦工程出现什么质量问题，可以终身追溯。因此，要想在建筑行业发展好，一方面必须考注册证书，另一方面必须积累四库一平台业绩。

曾经有一家大型央企因要涉足新领域，于是找到我们帮忙挖猎一名对标公司的高管，硬性条件之一就是必须要带一项大型四库一平台业绩。因为他们想竞标一个几百亿项目，如果没有这方面业绩的技术骨干，他们就无法中标，因此领导下了死任务，必须要在一个月内招到这样的人，当然开出的条件也是极为优渥的。业绩符合标准的人薪酬不限，而且直接给到机关副总的岗位。大型央企的机关副总是极其难得的，那是多少人奋斗一生都难以实现的目标。

这就是我一直建议大家一定要积累业绩的原因之一，权责一向是相对等的，四库一平台既加重了建筑从业人员的责任感，但同时也为建筑人的发展提供了契机。当你名下积累了足够多的业绩时，必然可以获得领导的重视，升职加薪都不是问题。

第四节 ## 私企高薪和国央企如何选择？

在变现期，我们经常面临私企高薪和国央企之间如何选择的问题。如果我通过诊断，发现对方具备变现期的条件，我会毫不犹豫地建议他选择私企高薪。变现期的职业选择就是薪酬优先原则，你的职业花期已经到来，有花堪折直须折，莫待无花空折枝呀！

这时，有些建筑人反倒开始犹豫了，可是国企稳定呀、国企离家近呀等各种理由和借口。我就问他，你当前这个阶段是不是最需要钱的时候？这个阶段的职场人，通常是人到中年、上有老下有小、经济负担最重的时候。有了足够好的经济基础，我们的生活质量也会上升一个台阶。职业规划和人生规划是联系在一起的，职场的幸福度决定了生活的幸福度，进而决定了你整个人生的幸福度。我们好不容易度过了漫长的增值期，职场渐入佳境，人生也渐入佳境的时候，你怎么可以选择躺平呢？

薪资相差一半，暂且不说你自己能否接受，家人接受吗？一半的薪资差距，意味着生活质量的巨大差距。当你月薪2万元的时候，你的家人可能在当地享受着优渥的生活，你的孩子可以享受当地最好的教育资源；但是，你月薪1万元的时候，你们的家庭生活就可能捉襟见肘，不得不精打细算过日子。所以，表面上看是钱的差距，实际是生活质量的差距。物质条件是每个人都无法跨越的鸿沟，现实面前，还是要保持理性。

即便是薪酬优先，也不代表说平台不重要，只是说平台大小不再成为我们第一关注点。在薪酬相差不大的情况下，我们依然要优先选择大平台。假如你手里同时捏着好几个offer，那你就要先把其中薪酬最高的两家挑出来，然后再挑其中平台更大的；如果是薪酬相当的情况下，优先考虑平台大的。这种选择排序就是薪酬优先原则，我们把平台放在次一级位置来考虑。变现期的目标就是要实现个人利益最大化，那我们第一着眼点就是薪资。

虽然我建议大家优先选择私企高薪，但是也要看是什么样的私企，太小的私企肯定不能选择，切忌不要给连个注册公司都没有的包工头干，因为没有注册公司意味着无法签订劳动合同，个人利益无法保障不说，关键是在这样的公司工作若干年后，你的履历里面怎么填写这段经历？因为没有公司，自然也就无法给自己积累业绩，你干过的项目都是挂在别人名下的，白白给别人做了嫁衣，这是会严重影响你的下一次职业选择的。

我们好不容易才迎来变现期，自然希望职业花期尽可能维持得久一点，那么每次选择就要考虑会对下一步职业发展造成什么影响。变现期择业就要考虑维持期的问题，所以每一步选择都不能走错，不管你处于什么职业阶段，平台都是不可忽视的重要因素，所以一定要在选择满意薪酬的时候关注到平台。

第五节　变现期要避免频繁跳槽

　　给变现期的建筑人的一大忠告是千万不要频繁跳槽，在变现期每天接到最多的应该是猎头的电话，你刚入职一家不错的公司，薪酬满意、职务满意，领导和同事关系都很满意，但是猎头打来了电话，说有一家更好的公司乐意花更高的薪资想挖你过去，去不去呢？你很纠结。

　　按照变现期薪酬优先的原则，我们是否应该毫不犹豫地选择薪资更高的？注意，如果你这么做了，那么你就给自己的未来埋下了一颗地雷。你的下任雇主会觉得，你既然能被我高薪挖来，你也随时可以被别人再高薪挖走。一旦埋下了不信任的种子，你在这家公司的发展必然不会长久，老板也许是出于利益关系必须要挖你过来。一旦你在这方面的价值不存在了，那么你将会立刻被扫地出门。

　　在变现期的人，是一家有女百家求，也就是说你面临的诱惑会特别多。此时，千万要保持冷静，能被钱打动的人才，从来就不会成为企业重点培养的优秀人才。就像年轻貌美的女人，虽然被众多男人追求，但若是这位美女自恃美貌，频繁地更换对象，那么恐怕没有哪个男人想把她娶回家了。优秀人才也是如此，频繁跳槽，就会被定性为缺乏忠诚度，只能短期持有，不值得长期投入。所以，变现期依旧要慎重选择单位，一旦决定了入职哪家公司，至少待够5年。

也有一些求职者会辩解说，我跳槽不是因为受不了诱惑，是因为这家公司有各种各样的问题，导致我实在待不下去了，不得不走。不管你有多么正当的不得已的理由，但是跳槽频繁就是跳槽频繁，你的下任雇主在评估你的稳定性时依据的是你过往的履历，而不是你口头的承诺。当你面临的外界诱惑特别多时，你对现状的忍耐度就会降低。所以，你潜意识下就会挑剔你的现任公司，不断挑剔的结果就是你觉得你必须辞职，而且你的辞职理由非常正当。所以，变现期的人应该时刻保持警惕，千万不要被你的傲慢心理主导，从而做出让自己后悔的选择。

赵工毕业于天津大学（建筑老八校之一）建筑学专业，一毕业就进入了大型央企，之后又被猎头挖去了一家地产公司。最巅峰的时候年收入百万元，可是之后就一路下滑，40岁的年纪四处求职，却处处碰壁，那些企业开出的薪资一家比一家低。之所以会出现这样的状况，就是因为频繁跳槽，像他这样的人才，确实是各大猎头争相挖猎的对象，自从进入地产后，基本是一两年就跳一次。但跳槽是有限度的，偶尔有一两家短期任职的公司是可以理解的，但若是出现3次以上短期跳槽的行为，就会被企业定性为缺乏忠诚度，好职位也就跟你无缘了。

虽然迎来了变现期，但是也并不意味着你可以任性跳槽。频繁跳槽是一种自贬身价的行为，会让自己变得越来越不值钱。如果不想让自己的职业花期提前衰败、凋零，当你下次再接到猎头电话的时候，一定要果断拒绝。不要抱着侥幸心理，觉得我先去面试看看，反正老板也不知道，这就像已经名花有主的美女偷偷去相亲一样。一旦哪天被老板知道了，也是会被贴上缺乏忠诚度的标签，为自己未来的职业发展带来隐患。

第六章

维持期和衰退期的规划策略

应该有尽可能多风格的房子，因为有不同风格的人，有不同个体便应有多种区分，有个性的人有其权利表达并拥有自己的环境。

——弗兰克·劳埃德·赖特

40岁之后的求职攻略

40岁之后，我们的职业生涯进入了维持期阶段，在维持期跳槽就必须要考虑衰退期怎么办。我在前面说过，维持期和衰退期一定要在一家公司，因此，该阶段跳槽依旧是平台优先原则，你要选一家能让你一直干到退休的企业。你可能会说，我40岁还很年轻呀，怎么就要找一家能退休的企业了。40岁之后跳槽，如果你不能干到退休，可能面临着奔五的年龄还要再次跳槽的尴尬，这个年纪再被迫进入求职市场只剩被挑选的份儿了。

如果不想把自己混到这么惨的地步，那么我们在40~45岁这个阶段求职的时候，就一定要遵循平台优先原则。尽量选择稳定的抗风险能力足够强的大平台，这样你可以在这里稳定干到退休。如果说维持期是变现期的延续，至少45岁之前，你还具备优秀人才的资本，此时跳槽，你还有挑选的资本。如果能在维持期挑选到一家好公司，那么衰退期就不会对你造成太大的影响。

企业是追求效益的组织，不是公益组织，没有哪家企业希望员工进来是混退休的，所以我们必须在还能做贡献的年龄选择一家能为自己兜底的平台。你在前期为企业做出了贡献，企业在后面才愿意为你兜底，这是遵循的价值交换原则。有好些工程师不懂这个道理，他觉得45岁跳槽，依旧有企业争着给他下offer，就想抓住职场红利的尾巴，把能赚的钱先赚了，哪家给的钱多就选哪家。等被上家公司淘汰，在职场没有竞争力了，才想起来找稳定的大平台，希望平台给自己兜底，那怎么可能呢？

孙工曾是一家大型上市公司的工程副总，年收入也很可观，但是孙工对此并不知足，他觉得自己名校背景，又曾在大型央企做到中层以上管理，他还可以挑选到更好的。于是，抱着骑驴找马的心态，一直通过猎头四处面试。45岁的时候终于接了一个offer，薪酬在现有基础上涨了50%，孙工十分满意，所以想都没想就接了offer。

这是一家小私企，老板能聘请到孙工这样的优秀人才，也是十分满意，所以很器重他。可是，好景不长，孙工刚跳槽过去没多久，疫情就暴发了。这家私企虽然苦苦支撑了几年，但是最终还是倒闭了。此时孙工快50岁了，他发现之前抢着想要聘请他的那些公司，不是干脆拒绝了他，就是薪资开得极低。包括他的上一家上市公司的老总，曾在他走的时候明确承诺如果什么时候想回来随时欢迎他，但是他再联系这家公司老总的时候，发现老板并没有想再请他回来的意思。

孙工之所以会出现这样的情况，就是在职场高光时刻没有想到为自己留后路，一味地只看重薪酬，既让他的前雇主寒心，同时也为后来的求职埋下了隐患。维持期跳槽，如果只重薪酬，那就是在透支未来的收益，其后果就是职业花期的提前结束；而选择了大平台低薪资，看似吃亏，事实上细水长流，反倒是利益最大化的选择。

第二节 做与时代同步的建筑人

　　维持期就是变现期的延续，因此依旧是处于职场的高光时刻，但是毕竟岁月不饶人，身体已经是在走下坡路了，接受新生事物的能力也急剧下降，如果我们希望在维持期依旧能拥有比较强的职场竞争力，我们就需要跟时代同步。到了40多岁，大部分人都已经拥有了稳定的经济基础，不用再为生存问题而发愁。这可以促使我们以更加松弛的心态来思考工作创新，从而引领行业创新。这是多么有成就感的事！这不就是个人价值体现目标的实现吗？！

　　这几年，建筑行业正在向科技化、智能化方向发展，对于我们从业者的要求也在悄然发生着变化。现在已经有一些企业在开始建筑方面的人工智能的研发，还有智慧城市、智慧社区、智慧停车场等，这些都是科技在建筑领域的体现。作为21世纪的建筑人，如果没有这方面的敏感度，思维一味地停留在过去，以为只要考个证，在工地上埋头苦干，就一定能实现晋升，那就太天真了。

　　有位朋友，40多岁了，国内知名大学建筑学专业，以往经历的基本都是大平台，早已没有财务方面的后顾之忧，他工作之余一直在研究3D打印技术，是国内最早从事3D打印技术研究的一批人，现在已年近半百，但是依旧有公司处心积虑想挖他，就是因为国内现在懂3D打印技术的人很少。还有位朋友，也是40多岁，是国内最早从事智慧设计研发的人之一，现在依旧奔走在追求梦想的路上。

这些人身上都有个共同特征，他们都在自己所在的领域里面是专家级的人物，他们都人老心不老，对建筑行业怀抱着深深的情怀，行业的创新正是由这些人引领的。如果你已迈进40岁大关，工作稳定，经济基础稳定，此时千万不要躺平，做些有情怀的事情，去追求更高的人生价值的体现不好吗？也许会迎来事业上的第二春。维持期毕竟还没有到衰退期，有些人的维持期能够一直延续到退休，就是因为在这个过程中，自我一直在更新迭代。

有的人在此阶段特别容易犯经验主义的毛病，对着公司的年轻人一通上课，你觉得你在指点后辈，殊不知，在其他人眼里，只觉得你是个老顽固。曾仕强老先生曾经说过，人学习的过程是先由学而不固，再到择善而固的一个过程，这是修行。我们要想跟着时代发展，不被时代淘汰，就要先懂学而不固的道理。动不动拿经验说事儿，就会导致思维固化，以至于无法接受新生事物，职业发展也就到此为止了。

看一个人是否还保持年轻态，就是看他是否还保持着对外界新生事物的好奇心。这个时代变化太快，尤其建筑行业又是一个技术密集型行业，技术的创新必然要求我们保持高度活跃开放的心态。生理年龄的衰老不可避免，但是我们依旧可以修炼年轻的心态。任何时候，保持跟时代同步，以开放的心态容纳一切，迎接一切。你不抛弃时代，时代就不会抛弃你。

50岁之后还该跳槽吗？

50岁人生过半，职业发展也进入了衰退期，职业生涯开始走下坡路，这个阶段的主要目标是安稳干到退休，所以我是不建议这个年龄再跳槽的。但是，总有些朋友人老心不老，不甘心职场谢幕。看到公司的年轻人成长越来越快，后起之秀越来越多，自己的危机感也随之加重，总想我还能折腾点什么，甚至不惜离职跳槽也要再为梦想搏一把。

花无百日红，人无千日好，事物的发展规律就是盛极而衰。我们曾经在职场风光过，曾经是老板器重的左膀右臂，也曾是公司年轻人仰望的榜样，那我们同样也要有急流勇退的胸怀，把表现的机会让给后起之秀，坦然接受衰退期的到来。更加不能动不动地就觉得在公司受了莫大的委屈，总是与人斗气，临老的时候反倒越活越像个孩子，这样的老小孩儿可一点都不可爱。

有一位在行业内颇受人尊重的老工程师，在当地最大的一家市政设计公司从事给水排水设计，在工作中也很受领导器重，做到了总工的位置，本来各方面都很好。可是50多岁的人了，一气之下离职了，原因居然是领导把原本答应给他的项目给了另外一个年轻人，老工程师觉得面子上特挂不住，认为领导是故意排挤他。离职后再求职，处处碰壁，此时也开始后悔了，但是拉不下脸来再回原单位。到了这个时候，还是顾及面子，不想让原单位领导看笑话，背井离乡去别的城市发展了。

这都是情绪惹的祸，在什么年龄做什么事，年轻气盛只属于年轻人，50岁是知天命的年龄，气大伤身，减少情绪对我们身体的消耗，是这个年龄段需要重点修炼的事。50岁之后，稳定的人脉圈子，稳定的生活环境，才能让你保持稳定的心态，也有利于身心的健康，这个阶段的主要目标就是安稳干到退休。如果情绪暴躁，一言不合就想跳槽，走时容易，走后就后悔，因为这个年龄再进入人才市场求职，那是处处遭人嫌弃。

当然，也有些老工程师是被迫离职，公司裁员、倒闭等引发的被动跳槽，这种情况实属无奈。但是，我同样也要提醒，如果你真的逼不得已陷入了这种困境，那就及早认清现实，降低标准，只要有不错的公司给你下offer，那就抓紧机会，不要挑三拣四。简而言之，衰退期不要轻易跳槽，如果逼不得已跳槽那就一定要遵循平台优先原则，在可选择的范围内选择稳定度最高的平台，不要追求高薪资。高薪通常也伴随着高风险，而我们现阶段需要的是稳定，而非高风险、高收益。

第四节　寻找你的斜杠人生

　　50岁在原单位被边缘化了，没什么事可干，那怎么办呢？靠什么去打发无聊的时间？50岁之后会发现，自己突然多出来很多可以自由支配的时间，因为公司已不会再给你安排饱和度特别高的工作，毕竟也要把机会让出来给年轻人。所以，与其发些廉颇老矣的感慨，不如坦然面对职业衰退期的到来，利用这些时间发展些业余爱好。如果能把兴趣爱好发展成副业，那就更好了，这样即使退休后，你也有事儿做。

　　曾经有一个建筑师，业余时间爱画画，于是就开了一个美术培训班，后来美术培训班的收益甚至超过了他的主业，所以他就提前申请了内退，专心搞美术培训去了。还有一些工程师，业余兼职给一些培训机构讲课，由于他们在专业领域有丰富的实战经验，他们的课程反倒比高校的教授都受欢迎。我们做这些事，不是为了谋生，仅仅只是因为喜欢，做起来没有太大压力，做好了还可以继续为社会贡献价值，何乐而不为呢？

　　除此之外，你也可以选择继续在专业领域进修，有很多在专业领域造诣很深的工程师，即使退休后依旧会被原单位返聘。但是，我建议不要再去挑战高强度的工作了。我们可以给自己的上下游单位以顾问的身份提供咨询服务，审审方案，给些专业上的建议，挣多少钱不重要，重要的是我们觉得自己依然是有价值的。

　　这个年龄，身体机能各方面都在走下坡路，保持身体健康成了第一关注点。任何损耗身体健康的事，我们都应该自觉远离。在职场，也应该是量力而为，加班加点拼命工作的机会，就留给年轻人吧。而发展兴趣爱好，也是为了修身养性。人不能太闲，闲生事端，活到老学到老。当我们的生命一直处于发展中，我们的身心也会是健康的。但是太忙了，又容易损伤身体，所以做些力所能及又让自己精神愉悦的事，方是保养之道。

　　人的一生，三分之二的时间都是在职场度过的，我们被朝九晚五、掐点打卡的日子限制了大半辈子，没有好好陪过家人，没有闲暇欣赏过沿途的风景，一直低头匆忙赶路。此时，是时候慢下来享受生活了。让心回归，关注自身，人生至此，是喜乐的，是圆满的！

第七章

建筑学职业发展路径

建筑师必定是伟大的雕塑家和画家,如果他不是雕塑家和画家,他只能算是个建造者。

——贝聿铭

第一节　建筑学专业最佳发展路径

⚒ 就业最佳切入点：明星设计事务所或者知名外资设计机构

⚒ 最佳职务：建筑设计师

⚒ 晋升路径：设计师→方案主创→设计总监→合伙人

　　建筑学是建筑工程领域的牵头专业，是技术总指挥，同时也是薪资最高的一个专业。这个专业的工作内容包含方案设计和施工图设计，总体来看，方案设计师的薪资普遍高于施工图设计师的薪资。为什么这个专业的就业最佳切入点是外资设计事务所呢？因为外资设计院一般都是没有资质的，他们主要以方案设计为主。如果刚毕业进入这样的设计院工作，可以开阔视野，提升审美品位，为将来成为一名优秀的方案主创打下很好的基础。

　　在成长期，主要是做基础的设计工作，当你可以独自完成设计任务后，就可以晋升到方案主创，这代表着你进入了增值期。方案主创和普通设计师的工作内容有很大的不同，他们是担当设计主力的，除了完成日常的设计任务外，还需要对接甲方，有的方案主创还需要带团队。在这个阶段要不断提升自己的设计水平，同时不断拓展商务能力和管理能力。如果你在这三方面的工作都可以完成得很好，你就可以迎来变现期了，即晋升设计总监。

市场上设计总监的普遍薪资在60万～80万元，也有的公司设计总监是独立核算的，这样的设计总监年薪都可以达到100多万元。晋升到设计总监，对于大多数人来讲，职业发展就到了天花板，而且很多外资设计院规模都不大，设计总监的汇报对象可能就是老板，很多人会停留在设计总监的位子上干到退休。这时，我们就需要做横向拓展了。

横向拓展的方向包括技术的横向拓展，比如丰富自己的项目类型，挑战更有技术难度的项目；还包括能力的横向拓展，比如不断加强商务拓展能力、资源整合能力等。很多设计总监都是要对接甲方，参与甲方竞标的，如果你的口才很好，不仅能把方案做得漂亮，还能讲得更漂亮。你的方案中标概率高，你对公司的价值贡献更大，那你就可以晋升成为公司的合伙人，拿公司的分红，你的收入会再上一个台阶，通常年收入会在200万～500万元不等。

建筑师是一个对综合素质能力要求非常高的职业，不仅要具备设计能力，熟练使用各种绘图软件，还要具备对艺术的敏感性。那些能拿到百万元年薪的建筑师，手绘能力也是非常强的。还要有人文、哲学、历史等领域的知识储备，因为每一个项目的设计创意都不是建立在凭空想象上的，能打动人心的设计作品都是有文化历史底蕴的。

建筑行业现在大量采用EPC总承包的管理模式，这种模式对建筑师的要求就更高了，以前的建筑师你可能只需要考虑如何做好设计就行了；未来的建筑师不仅要做好设计，还要有全盘统筹性思维，在设计阶段就要考虑中后期实施的问题、成本控制等问题。可以说，项目能否落地，甲方能否通过这个项目盈利，都取决于建筑师，所以一个好的建筑师，不仅是搞设计，还要懂商业。

现实中，我见过非常多优秀的建筑师，他们不是在设计阶段才进入项目的，而是在甲方想拿地时就进入了。帮甲方出谋划策，这块地建什么、怎么建，甚至建成后如何运营，具备商业策划能力的建筑师在市场上是极为稀缺的。总之，未来的建筑师要具备的几项核心能力包括设计能力、创新能力、商务能力、统筹能力、对商业的敏锐性。如果你能把这些能力修炼好了，你将身价百万。

案例

> 王工毕业于天津大学建筑学专业，毕业时通过校招进了一家大型设计机构，跟着一位大师级别的建筑师搞建筑方案创作，30岁出头，年收入已经过百万元。当时，另外一家上海本地的中型设计院想挖这家公司的人，于是找到了我们，我辗转通过几个朋友的介绍联系上了王工。当时，他担任这家设计机构一个分所的副所长，新公司提供总建筑师岗位，且年薪资达200多万元。由于王工毕业就进入这家机构，发展至今也到了瓶颈期，所以愉快地接了新公司的offer。

点评

王工能迎来变现期，原因如下：（1）毕业院校好；（2）师从大师级别建筑师，沉淀了技术实力；（3）平台好，在业内有影响力，所以成为业内其他公司的挖猎对象。

第二节　建筑学专业常见发展路径

✂ 职业起点：大型设计院建筑设计师

✂ 职业发展路径：建筑师→建筑专业负责人→建筑总工 →院长

有相当多的建筑学学生毕业后选择进入大型国有设计院或者是央企下属设计院，这样的设计院规模大、资质全、做设计全流程。也就是说，如果你进入这样的设计院，方案到施工图阶段你都会有机会接触到。在这样的设计院发展，一级注册建筑师证书是必备的。说的是做全流程，但是这类型设计院的方案创作能力通常不如只做方案的事务所，正所谓术业有专攻。但是，因为这样的设计院规模大，在业界有很大的影响力，承揽的基本都是大项目，所以也不失为一个好的选择。

成长期依旧是先从设计做起，通常三五年后就可以做到专业负责人，这期间是一定要抓紧时间考证的。只有考下一级注册建筑师证书，你才有机会晋升到建筑总工，总工是审核图纸，并且在图纸上签字盖章的，所以没有一级注册建筑师证书是没有资格担任总工的。能晋升到总工，意味着你迎来了变现期，通常总工的年薪在30万～50万元不等。你会发现跟做方案的设计总监的薪资差距非常大，是不是？

　　价值决定薪资，因为施工图设计是遵循规范，可复制可替代，而方案创作考验的是创新性，无迹可寻，所以后者薪资更高。有些业内人士预测，未来施工图设计将会被AI取代，目前市场上已经出现一些做此类研究的公司，像上海品览、深圳小库都是走在前沿的公司。

　　做到建筑总工，基本就到了职业天花板。如果想再晋升，就要做横向拓展。丰富项目类型、挑战更有技术难度的项目，如果你能主导一两个地标性建筑项目，那你还可以再获得晋升的空间。而地标性建筑项目通常都是大型设计院才有资格承揽，所以必须先进入这样的大型平台才有机会参与这样的项目。大型设计院人才济济，即便你主导了这样的大型项目，想再往上突破的可能性也不大。这时，就可以考虑通过转换岗位来实现进一步的晋升了。

　　✂ 职业起点：大型设计院建筑设计师

　　✂ 职业发展路径：建筑师→建筑专业负责人→甲方技术

　　　　　　　　　负责人→甲方项目总

　　甲方很喜欢从乙方挖人，而乙方的人也是挤破头想进甲方，所以还有一部分人在乙方沉淀一段时间后，去了甲方，也有一小部分人毕业就直接进了甲方。我不赞成刚毕业就进甲方，因为甲方的工作性质更偏技术把控、技术管理，没有技术一线的沉淀，直接就去做了技术管理，你的管理就是纸上谈兵。

　　成长期和增值期在乙方沉淀技术，这个过程大概需要5～8年，为什么是5～8年呢？因为本科毕业5年之后才有资格报考一级注册建筑师，拿下一级注册建筑师证书就是对自己技术实力的最好证明，8年时间正好30岁，直接跳转去甲方，薪资和职级都会迎来大幅度跃升，这代表你迎来了变现期。甲方之所以喜欢从乙方挖人，看重的就是你在乙方的技术能力，但是你进入甲方后，你将会脱离技术一线，凡事有利有弊，所以乙方不喜欢甲方回流的人。你选择甲方这条路，就要想好将来被甲方淘汰后该怎么办。

　　如果你在甲方的技术负责人岗位上干得非常好，你想迎接下一步的晋升，就需要拓展除技术之外的其他能力。建筑学是建筑行业的牵头专业，所以很多建筑师跳转去甲方后，通过努力都晋升到了项目总岗位。我上一篇讲建筑师最佳职业发展路径中有提到，项目能否落地、能否盈利都取决于建筑师，好的建筑师同时也是一个商业策划师，如果你能在甲方朝着这个方面去不断努力，晋升项目总是顺理成章的事。很多项目总的薪酬是非常高的，固定年薪都在百万元起，他们还可以拿项目的分红，年总薪酬在几百万元到千万元不等。

　　随着城市化进程的完善，房屋建筑领域这几年项目急剧减少，竞争越加激烈，好多建筑师失业。虽然建筑学专业在房建领域是牵头专业，但是并不代表其他领域就不能发展。建议大家可以看看其他赛道，有很多城市棚户区改造项目需要建筑师，交通领域里地铁站房、高速公路上的服务区项目需要建筑师，还有环保、农业等一些领域，他们需要大量建造产业园区，里面会涉及写字楼、食堂、员工宿舍等，这些行业依旧存在着大量的建筑师人才缺口，大家别都挤在房建领域内卷，眼界打开，出路就来了。

翟工是建筑学专业研究生学历，毕业后先是进了一家国企设计院从事建筑设计，5年时间做到了建筑专业负责人，并且也考取了一级注册建筑师证书。虽然有证，但是在这样的国企大院，证书并不算是稀缺资源，翟工已经是建筑专业负责人，想晋升建筑总工难上加难。此时，有猎头找到他，说一家环保公司想招聘一名建筑师，翟工觉得建筑师在环保行业没什么发展，所以就拒绝了。但是，在猎头锲而不舍的联系下，翟工决定先过去见面聊聊再说。原来这家公司是为了申请资质，所以必须要一名带一级注册建筑师证书的工程师，但是为了后续发展，企业又不想找挂证，要求必须带证上岗。但是，大部分建筑师都跟翟工最初的想法一样，觉得建筑学在环保行业发展受限，因此都不愿意考虑。聊过后，翟工决定过来试试，企业给开出了60万元年薪的待遇，远远高于他在原单位的收入。而且，过来后翟工才发现，在环保工程中，建筑师也有很多发挥的空间，并不算是浪费了专业。

翟工能迎来变现期，原因如下：（1）学历好；（2）具备一级注册建筑师证书；（3）平台好。应该说，证书占据了主导地位，如果翟工没有一级注册建筑师证，那么这家公司不会考虑他，但是翟工不仅有注册证书，而且学历好，且出身于大平台，所以这家环保公司才愿意花高薪聘请他。

李工毕业于普通本科学校建筑学专业，毕业后进入到了当地（三线城市）一家中型设计院从事建筑设计。他生性活泼好动，对于枯燥的画图工作并不是特别感兴趣，他的优势是商务能力很强，口才特别好，在一群闷头搞技术的人群中显得格外活跃。于是，领导每次见甲方的时候都会带上他。就这样他由一名建筑师慢慢地开始参与越来越多的商务工作，后来干脆就全职做起了市场开发。几年后，他辞职来到北京，进了北京当地的一家大型民营设计院继续从事市场开发工作，在这家公司做了5年左右，做到了市场总监，积累了丰富的商务资源和市场开拓能力。之后，被猎头挖去了一家同样的民营设计机构，一开始也是担任市场总监。但是，仅仅一年时间后，就晋升成了该公司的合伙人，享有公司年终分红，年收入过百万元。

点评　李工学历一般，经历平台一般，但是迎来了变现期，因为他是一个典型的复合型人才。他从建筑设计做起，最后却成为一名市场总监，既懂设计又懂商务，而且手握大量商务资源，使他成了不可替代的人才，所以老板才会把他变为合伙人，目的就是进行深度利益捆绑。可见，增值期不断拓展能力边界是极其重要的，这不仅是在拓展能力，同时也是探索多种发展方向的可能性的阶段，李工就是一个非常好的证明。

第八章

结构工程职业发展路径

建筑，是用结构来表达思想的科学性的艺术。

——赖特

第一节　结构工程专业最佳发展路径

✂　就业最佳切入点：大型设计院结构设计师

✂　晋升路径：结构设计师→结构专业负责人→结构总
　　工→院总工/院长

　　结构工程专业是土木工程下面的二级学科，所以土木专业和结构工程专业都可以从事结构设计工作。土木的就业范围更广泛一些，而结构工程的针对性更强一些，结构工程专业毕业后几乎全部是从事结构设计的。设计工作几乎贯穿了结构工程师的一生，即便你做到了总工，也依旧无法完全脱离设计工作。好多人画上几年图之后就烦了，总是想找一份不用画图的工作，但是比较难实现。无非是随着职务的晋升，你开始逐步增加了其他工作内容，设计的工作比重逐步减少而已，但是想完全脱离画图是不可能的。

　　刚参加工作的结构设计师日常工作内容几乎就是不停地画图，最少画上3年图，你才能谈得上下一步的晋升。在成长期积累的就是你的绘图技术怎么样，会熟练使用多少种绘图软件。当你能独立完成分配给你的设计任务时，你就可以晋级到结构专业负责人岗位。这个岗位的工作内容还是以设计为主，但是你需要更高的技术把控能力，以及开始对接甲方的需求，协调各专业和本专业的关系，以确保按期交付图纸。

在成长期和增值期阶段，别忘了考取一级注册结构工程师证书，这是未来晋级到结构总工的必备条件。现在，也有很多设计院要求结构专业负责人必须具备一级结构工程师证书。如果你是本科学历，参加工作满1年就可以先考取基础科目，毕业满4年后就可以考取专业科目。考下一级注册结构工程师证书后，不出意外都可以迎来变现期。这个证书的市场含金量还是非常高的，因为考取难度大、市场缺口大，导致证书一直是供不应求的状态。

如果你是带证上班的结构专业负责人，年收入在20万～30万元，有的大院结构专业负责人还需要带团队，团队规模少则三五人，多则二三十人。如果是带领较大规模的结构团队，已经是结构总工级别了，结构总工的收入会更高一些，一般在30万～40万元。那么结构专业负责人和结构总工有什么区别呢？首先，设计的工作比重不一样，结构专业负责人日常工作内容还是以设计为主，结构总工设计的工作内容占比就小了很多，以审图和技术把控为主；其次，管理的限度不一样，结构专业负责人对管理方面的要求没有那么高，而结构总工对管理的要求会高很多；最后，结构专业负责人的团队规模比较小，一般在10人以内；而结构总工的团队基本都在10人以上，有的能到30人。

所以对于结构专业负责人、结构总工的要求不仅是技术过硬，同时还要具备一定的管理能力。大部分结构师发展到这个级别就会发现到了职业天花板，尤其是大院，基本很难再有进一步晋升的空间。这个时候就可以继续进行横向拓展了，多参与主导一些技术难度大的项目，尤其是300m以上的超高层项目，市场上做过300m以上超高层项目的结构师是非常值钱的，年收入基本都在60万元以上，远远高于普通的结构设计师。也可以拓宽一些设计类型，混凝土设计、钢结构设计都做过的结构师也比较吃香。

当横向拓展积累到一定阶段，我们就可以晋升到院总工。院总工和结构总工的区别是：院总工基本不画图，更多的是整体的技术把控，建立技术体系标准，牵头攻克技术上的难题，安排设计院日常的生产任务等。从院总工的工作职责也可以看得出来，想晋升到院总工级别，你的技术实力一定非常过硬，不仅要懂本专业，还要懂其他配套专业，一个项目需要各专业协同工作才能完成。只懂结构专业，你做不了院总工。不仅懂结构专业怎么干，还要懂其他专业怎么干，更要懂结构专业怎么配合其他专业干，你才能做得了院总工。

此处提醒大家的是，如果想晋升院总工，大部分人是需要通过转换岗位实现的。院总工是设计院仅次于院长的二把手，大部分设计院的这个岗位都不会频繁更换。所以，你想晋升到这个岗位，在原单位几乎是不可能实现的事儿。只能是横向拓展积累到一定阶段后，通过跳转去别的单位实现。很多设计院都会给院总工股份，或者享有院里的利润分红，所以院总工的年收入还是非常可观的，大部分都可以拿到百万年薪。

案例

李工毕业于一所二本院校结构工程专业，毕业时就通过校招进入了一家国有的甲级设计院，从事结构设计。参加工作没多久，李工就考取了二级注册结构工程师；之后，又考取了一级注册结构工程师。拥有注册证书的李工很快就在其中脱颖而出，不到5年就成了结构专业负责人。后来，李工又考取了一级注册建筑师。不得不说，李工真是非常勤奋好学，一级注册结构工程师和一级注册建筑师都是极其难考的证书，好多人能考下来一个就已经很不错了，何况是考取两个证书呢？因此，具备双注册证书的工程师在市场上极为稀有。李工在这家公司工作了12年，做到了分院院总工；之后，就被猎头挖去了一家私企甲级院，担任院总工职务，基本年薪50万元+股权分红。

点评 以上案例中，李工毕业院校并没有太大优势，但是他的职业生涯得以迎来变现期有三个原因：（1）进入了一个好平台；（2）又考取了双注册；（3）在一家设计院做到了分院总工，成长期和增值期都是在一家公司。

第二节 结构工程专业常见发展路径

⚒ 职业起点：设计院结构设计师

⚒ 晋升路径：结构设计师→结构专业负责人→甲方技术

负责人→EPC项目负责人

之前，我们一直反复提到，甲方特别喜欢从乙方挖人，设计圈也不例外。好多设计师画图画烦了，这个时候有甲方抛出了橄榄枝，薪资又高，还不用画图，为什么不去呢？也有的人会想，那我为什么不毕业就直接去甲方呢？关于要不要一毕业就进甲方的问题，网上好多人是各执一词，这让很多面临职业选择的大学生很犯难，不知道究竟该听谁的。

我以一个多年从事工程行业招聘服务的实践者的身份告诉大家，一毕业就进甲方并不是最优选择。甲方的工作内容更侧重技术把控，我们作为刚毕业的学生，还没实操过技术，就要去做技术把控，就像没学会走路，就让你去参与跑步竞赛是一个道理。也有的人说，进入甲方也可以学习技术呀，跟着甲方的技术前辈去学，但是你在甲方学来的技术还是只告诉了你如何去做技术节点的把控，你毕竟没有体验过技术实操落地的全过程，有句话怎么说来着，纸上得来终觉浅，绝知此事要躬行。

结构专业是对技术层面要求比较高的专业，而且结构设计承担的责任也比较大，所以更加需要技术经验丰富的结构师才能做好技术把控。如果是其他专业可能在乙方沉淀5年时间就足够了，但是如果是结构，我觉得最少要8~10年的技术沉淀，才能去做技术把关。当然，你说我在乙方干个三五年就跳槽去甲方可不可以？也是可以的，不过是给的职务高低问题。如果是三五年就跳转去甲方，那么最多是个技术主管级别的，薪资涨幅也不会很大。但是，如果能在乙方沉淀10年左右，跳转去甲方，可能直接就迎来了变现期，职务和薪资都会有一个比较大的涨幅。

在甲方做到技术负责人，薪资一般都在50万元以上，做过超高层项目的，有主导过大型地标性建筑的，年薪可能达到百万元。只有在乙方有足够的积累和沉淀，才能一转岗就实现这个目标。大部分在甲方发展的人，到了这个职务就会触及职业天花板，再往上晋升就很难。而且，甲方竞争激烈。如果不能晋升上去，很快就会被淘汰。这时，就需要考虑下一步往哪里走的问题。

我个人的建议是，不妨去一些EPC总包公司看看，往EPC项目经理去发展。EPC管理模式对很多工程企业来说依旧是个挑战，好多项目看似是EPC模式，事实上设计和施工还是分开的，两头行动，并不能起到真正的协同作用。之所以EPC管理模式推广不开的主要原因，我认为就是缺一个能够将设计和施工，以及各专业协调起来的人，设计不懂施工，施工也不理解设计，所以合作起来格外难。

而结构专业，是衔接前端建筑设计和后端施工的关键专业，由它来做主导是最合适不过的。同时，EPC项目管理模式要求设计在前端就考虑成本控制的问题。而在甲方浸润多年的结构师，是具备非常强的成本控制意识的。同时，他们精通项目全流程的各个环节，所以做EPC项目经理是再合适不过了。可惜的是，现实中大部分企业依旧是让施工项目经理去做EPC项目经理。大部分施工项目经理不懂设计，直接导致的后果还是设计是设计、施工是施工，所谓的EPC管理模式形同虚设。

当然，各个工程企业都还在摸索阶段，以上观点仅代表我一家之言。也许，随着行业的发展，会有企业尝试让结构师来担任EPC项目经理。如果你想未来往EPC项目经理去发展，那么你除了考取一级注册结构师证书之外，还需要考取一级建造师证书。职业发展路径是需要大家不断探索的，就像鲁迅先生说的一样，世上本没有路，走的人多了便成了路。

✂ 职业起点：设计院结构设计师

✂ 晋升路径：结构设计师→结构专业负责人→钢结构设计师→装配式技术负责人（大型钢结构公司）

装配式建筑也是当前处于风口的一个赛道，上海是国内最早的装配式建筑试点城市之一，第一个项目是2006年启动的，至今装配式建筑在国内发展已经13年了。结构专业是装配式建筑的牵头专业，很多结构师投入到了装配式建筑的研发工作当中，但是目前这个领域依旧存在着大量的人才缺口，尤其是从事前沿的研发工作的高端技术人才。

钢铁是装配式建筑的重要原材料之一，所以，大量的钢结构公司参与到了这个赛道里面，很多钢结构公司由原来的钢结构专项分包向总包方向转型，这也为我们结构工程师的职业发展提供了一个新的方向。目前，从事装配式建筑设计研发的有一部分是大型设计院，还有一部分就是钢结构公司。如果你能有机会在大型设计院从事装配式建筑的设计研发工作，再转岗去钢结构公司，就可以一步到位，实现跃升。在装配式建筑领域的技术大拿，年薪基本都在百万元以上。几年前曾经受业内一家大型集团公司委托招聘装配式建筑设计院院长，当时给的年薪是200多万元，同时不设上限。只要有优秀的人就可以先推荐，薪资都好说。

虽然现在有很多钢结构公司成立了自己的设计院，去从事装配式建筑的研发，但是还是不建议大家毕业就去钢结构公司。因为装配式建筑本质还是建筑，而不是钢结构。所以，刚毕业的学生需要先去设计院了解一个建筑物的完整的设计建造过程，你才能在这个基础上去搞装配式建筑的研发。实际也是如此，我几乎没有见过一毕业就进钢结构公司的人能从事装配式建筑研发的。这些钢结构公司都是花重金挖大型设计院的经验丰富的结构工程师过来，从事研发工作。

由于装配式建筑领域是另外一个赛道，所以即便你在传统建筑设计院做到了结构专业负责人，进入钢结构公司之后，想晋升到技术负责人依旧有很长的一段路要走。需要精通钢结构公司技术标准以及同行业竞品的差异化竞争优势，公司产品技术营销能力、商务谈判能力等，才能最终获得晋升。

🔨 职业起点：设计院结构设计师

🔨 晋升路径：结构设计师→结构专业负责人→建筑工程
　　　　　　检测公司项目负责人

随着相关部门对工程质量的监督越来越严格，市场又出现了一大批检测公司。这些公司属于第三方服务机构，所以规模一般都不大，年产值也都不很高，晋升空间也不大，但是优势是稳定，工作相对轻松。如果你具备一级注册结构工程师证书，那么在这样的机构还是非常吃香的。它们尤其需要具备一级注册结构工程师和注册岩土工程师的双证人员。具备这两个注册证书的人员，年薪都在30万元以上。

但是，由于晋升空间有限，所以最高也就是项目负责人了。简而言之，就是给出鉴定结果，在检测报告上签字盖章。这个签字盖章是终身负责制的，你出具的检测报告如果未来发生了质量问题，你是要负全责的。湖南长沙的4·29特别重大居民自建房倒塌事故，违规出具检测报告，造成54人死亡的惨剧。湖南湘大工程检测有限公司法定代表人被提起公诉，立案侦查。

但是，这种第三方服务检测公司越来越多地成为结构工程师的一种选择，主要是因为收入高、工作轻松、工作环境稳定。如果你选择这条职业发展路径，可能就要提前想好承担高风险的同时，可能晋升空间还不大，数十年如一日干一样的工作，容易陷入职业倦怠。

　　结构工程师的就业范围不仅限于以上几条职业路径，其他领域，比如市政、交通、工业制造等领域，结构工程师也都是重要的岗位之一。如果你在传统的房屋建筑领域感觉发展到了瓶颈，就可以往其他赛道去拓展。

案例

赵工毕业于同济大学结构工程专业，毕业就进入了上海最大的一家国有设计院从事结构设计工作，在这期间又考取了一级注册结构工程师证书，由于毕业院校非常好，虽然是大院，人才济济，但是赵工也很受领导重视。考取了一级注册结构工程师证书之后，更是有幸担任了一个300m超高层项目的结构负责人，之后就被猎头挖去了甲方，这家甲方公司正好有一个超高层项目，急需一个技术负责人，给到了赵工70万元年薪。

点评

赵工之所以能迎来变现期，有以下原因：（1）毕业院校好；（2）业绩好，担任300m超高层项目结构专业负责人，之所以能有担任超高层项目结构负责人的机会也是因为他有证，且一贯表现良好；（3）平台好，赵工身上集合了核心竞争力三要素：学历、平台、业绩，三项均占优势，因此能迎来变现期。

案例

张工毕业于一所普通一本院校结构工程专业，毕业后进了上海华东设计院从事结构设计工作，期间考取了一级注册结构工程师，在华东院工作了8年，做到了结构专业负责人；其后，跳转去了一家大型民营设计院担任结构总工，在这家民营设计院工作了5年。他精通多种结构设计类型，由于上海是装配式建筑最早的试点城市，张工有幸成了最早接触装配式建筑的工程师，后来被猎头挖去了一家大型上市钢结构公司，担任该公司装配式建筑研发总监，年薪150万元。

点评　张工毕业院校一般，但是能迎来变现期，原因是：（1）平台好，前后历经的两家公司都是上海知名设计机构，所以能有幸参与装配式建筑研发；（2）技术好，由于都是大平台，所以能有机会涉及各种结构类型，沉淀技术实力。

第九章

建筑电气职业发展路径

建筑不应该被简单地看作是一个功能性的容器，而是应该具有文化
内涵和审美价值。

——林徽因

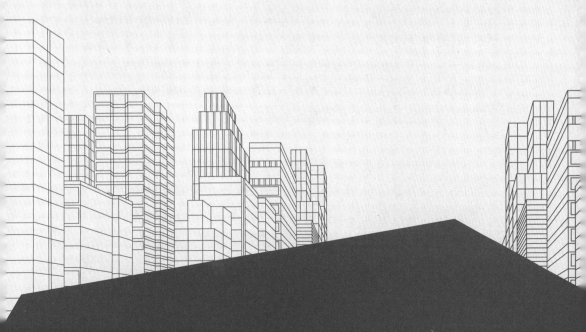

第一节　建筑电气专业最佳发展路径

✺ 就业最佳切入点：电子工程类设计院

✺ 晋升路径：电气设计师→电气专业负责人→电气总工
　　　　　　→EPC项目负责人

　　这个专业在大学的全称是建筑电气与智能化，分为电气和智能化，电气主要包括变配电系统、供配电系统、照明系统、防雷接地系统等，而智能化主要包括信息设施系统、公共安全系统、建筑设备管理系统、智能化集成系统、信息化应用系统等。那么，根据电气和智能化，我们可以梳理出该专业主要的就业领域有民用建筑（居住建筑、公共建筑）、工业建筑、农业建筑等。如果再往细了说，就是房屋建筑工程、工业厂房、照明工程、智能化工程、新基建工程等。在房屋建筑领域需求日渐萎缩的情况下，越来越多的电气工程师选择了芯片、半导体这个赛道，在这样的赛道里，电气是主打专业之一，薪资和发展前景都非常不错。

　　刚毕业月薪都能达到1万元左右；三五年后可以成为独当一面的电气专业负责人或者资深电气工程师，月薪能达到2万～3万元；如果做到电气总工岗位，年薪40万～60万元。做到电气总工，基本上就触到了职业天花板，大部分电气专业会在总工的岗位上干到退休，这是技术一线的最高管理岗。目前，市场上非常稀缺的是能够对设计不断优化从而能达到降本增效目的的工程师，这要求对技术的深耕以及对工程全流程的深度理解，必须是经验丰富的工程师才能做到的。

参加工作5年左右就可以考取注册证书了，建议考取两个证书：注册电气工程师和一级机电建造师。考取注册电气工程师，大家都能理解，如果你想做专业负责人和总工，你必须具备注册电气工程师证书，但是为啥还要考一级机电建造师呢？因为电子设计院的项目几乎全是EPC项目，需要技术牵头且全流程跟进指导，不仅要懂设计，还要懂施工。如果你具备了一级机电建造师证书，你将来就可以往EPC项目经理方向去发展。

EPC项目对项目经理的要求非常高，必须懂设计，懂施工工艺全流程，不仅懂电气专业，还要对参与的各专业都有所了解，能让各专业发挥协同作用，除了技术做支撑之外，还需要高超的沟通协调能力。可以说，是对个人全面综合素质的一个挑战。市面上好的EPC项目经理并不多，很多企业不惜重金通过猎头来寻访这样的高级人才。

在电子工程领域，电气是牵头专业，如果你能在电气总工岗位上不断做横向拓展，立足本专业，协同其他配套专业，深入指导施工全流程，再加上沟通协调能力等软性素质的加持，你就可以挑战EPC项目经理了。优秀的EPC项目经理，年薪也能达到百万元级。

把电子工程作为最佳切入点，还有一个优势是可以做跨界发展，因为很多电子设计院服务的甲方都是一些半导体产业、电子制造业等企业。当我们在乙方没有发展空间的时候，还可以选择去以上企业的基建部门，以甲方的身份做技术把控。在这些行业中，有很多发展多年的世界百强企业，这样我们的职业路径走得更开阔。

案例

李工毕业于一所普通本科院校的建筑电气专业，毕业时通过校招进入一家央企下属设计院从事电气设计，这家设计院的服务领域主要是芯片、半导体和数据中心等项目。李工进去后，由普通的设计师一直晋升到了电气专业负责人，期间又考了注册电气工程师证书，后经由猎头介绍去了一家私营的从事数据中心项目的设计院担任电气总工，年薪60万元。在这家私营设计院工作5年后，又转岗去了一家大型EPC总包公司，先是担任设计的技术负责人，并且在这期间考取了一级机电建造师。由于EPC项目，设计是一直要对接施工，为施工提供技术支持的，所以几年后李工晋升为了EPC项目经理，年薪百万元，实现了职场飞跃。

点评

李工的毕业院校很一般，但是他的运气比较好，有机会进入大型央企，在房屋建筑领域发展如火如荼的年代，当时的数据中心领域算是比较冷门的赛道。所以，李工之所以发展得好，算是无心插柳的结果；后又在该跳槽的时候果断抓住了时机，所以迎来了职场变现期。

第二节

建筑电气专业常见发展路径

⚒ 就业最佳切入点：电子工程类设计院

⚒ 晋升路径：电气设计师→电气专业负责人→电气总工
　　　　　　→EPC项目负责人

　　早些年，房建领域蓬勃发展的时候，建筑设计院是很多电气专业的首选。虽然这几年大兴土木的时代已经过去了，房屋建筑项目越来越少了，但是房屋建筑是我们基本生活的刚需，这是一个永远不会消失的行业。所以，建筑设计院依旧是仅次于电子工程的选择。

　　在建筑设计院，电气是重要专业之一，刚毕业的电气设计师，月薪一般在6000~8000元，做到专业负责人，则月薪在1万~1.5万元，电气总工的月薪在2万元左右。但是，电气在建筑设计院非牵头专业，牵头专业是建筑和结构，所以薪资普遍低于芯片、半导体和工业工程行业。很多人做到电气总工，就触到了职业天花板。此时，就有很多人选择去地产，但是地产这几年也处于下滑阶段，所以并不算是一个很好的选择。

　　这就需要我们提前规划，多条腿走路，我在从事建筑设计项目时，也会借机参与到相关项目中去。比如，现在有一些企业在做智能家居、智慧社区等，这都是传统房屋建筑项目的升级。如果你平时有意识地参与一些类似的项目，将来就有机会直接进入这些企业当中。

✂ 职业起点：大型房建总承包企业

✂ 晋升路径：机电工程师→机电主管→机电总工

　　这个专业还有一些人一毕业就直接进入了施工企业。如果选择施工企业，那一定要进大型房屋建筑总包企业。在一些总包项目上，机电专业属于一个大的类别，下面包含电气、给水排水、暖通等。如果在施工企业发展到一定阶段，也可以选择去房地产公司。房屋建筑领域的机电总工，年收入在20万～30万元。如果能去房地产，年收入在30万～60万元。

　　除了房屋建筑总包，也有一些机电安装专项承包的施工企业。这些企业是总包的下游企业，通过从总包手中分包机电部分的项目而生存。根据人往高处走、水往低处流的处世原则，能进上游就不选下游，所以总包公司是最佳选择。但是，这些机电安装分包公司也有优势。在这个细分赛道中，电气是牵头专业，更容易晋升公司的核心管理岗位。如果你能成为机电分包企业的工程副总，那么年收入无疑比你在总包企业的机电总工要高。

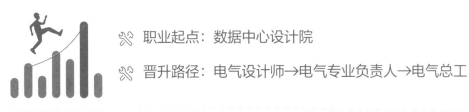

❧ 职业起点：数据中心设计院

❧ 晋升路径：电气设计师→电气专业负责人→电气总工

随着大数据时代的到来，数据中心、5G基站的建设类项目越来越多，这也是一个非常不错的选择。在这些领域，电气是牵头专业，相当于工业建筑的"机房工艺专业"，而且收入通常高于房建领域。在这些项目中积累了足够多的经验后，可以有机会选择去甲方。该类项目的甲方通常是一些大型互联网公司，或者一些移动通信设备类公司，比如华为、阿里等。而且，甲方的收入也很高，有的年收入高达两三百万元。能拿到两三百万元年收入的电气工程师，在乙方一定是沉淀多年，有丰富的一线技术经验，同时有主持过大型数据中心项目的全流程建设的经验。

❧ 职业起点：智能化工程企业

❧ 晋升路径：智能化设计师→技术主管→技术负责人

智能化工程是指利用智能化技术为各个领域赋能的工程企业，比如智慧城市、智慧社区、智慧交通等，都属于智能化工程。很多智能化企业都是设计施工一体化的，而电气专业是其中的牵头专业。这个行业的薪资差距也比较大。如果是小型智能化工程企业，比如从事一些楼宇自动化系统、智能家居等小区配套设施的智能化工程的，薪资跟房屋建筑领域持平，做到技术负责人，年薪大概20万~30万元。但是，也有一些技术实力很强的大型智能化工程公司，能做智慧城市、智慧交通等城市大型基础设施的智能化工程，技术负责人的薪资50万~100万元。

除了智能化工程，照明工程也是一个不错的细分赛道，电气专业在其中也是主打专业，曾经跟一些照明企业合作过。好的照明设计师和总工，在行业内也是非常稀缺的，电气总工的年收入最少在40万元以上，也是高于传统房屋建筑领域的。

案例 1

张工毕业于建筑老八校电气专业，毕业后通过校招进入了北京一家大型国有设计院，这家设计院所涉足领域比较多，房屋建筑、医疗、工业等领域的项目均有涉猎。张工在这家公司工作10年左右，期间考取了注册电气工程师证书，后经由猎头介绍去了一家以数据中心项目为主的民营设计公司，基本算是平薪跳过去的。在这家设计公司工作了两年左右的时间，再次经由猎头介绍去了一家研发芯片、半导体的头部企业担任数据中心基建处的技术主管，年薪60万元左右。

点评

张工的学历优势比较明显，毕业后又一直在大型设计公司。但是，由于他所在的设计公司服务的领域比较传统，所以张工想转型进入新赛道的时候，是平薪入职的。在新赛道仅工作一年多时间，就能跳转进入甲方，而且是业内头部公司，一方面是张工本身比较优秀（学历好、平台好）；另一方面也是因为数据中心这个领域起步晚，市场人才储备不足，所以张工才有了这样的机会。

案例2

王工毕业于211大学的建筑电气专业，毕业后先是通过校招进入地方施工国企，从项目上的基层技术员做到了电气技术负责人，并且考取了一级机电建造师。5年后，王工选择进入了一家私企，这家私企主要从事照明工程，由于王工优秀的技术能力，没有多久就晋升为照明工程的项目经理。之后，经由猎头介绍去了一家世界百强照明企业担任技术主管，几年后晋升为项目经理，年薪百万元。

点评

王工的职业路径非常有代表性，正面临职业转型的朋友可以参考：（1）第一家施工国企是房屋建筑总包，王工在其中完成了成长期和增值期，并且考取了一级机电建造师；（2）他没有选择同样的房屋建筑领域，而是转换赛道，去了照明企业，但是由于他没有照明领域的经验，所以他这次选择了一家小型私企照明企业，先完成职业赛道的转换；（3）有了照明领域的工程管理经验，且毕业院校优秀，所以他才有机会再次选择进入世界百强公司，从低职务一路晋升为高级项目经理。

案例3

谢工毕业于一所普通本科院校的建筑电气专业，毕业后通过校招进入一家民营的智能化工程公司，职务是智能化设计师，因为想回老家，3年后去了家乡一家智能化工程公司，职务仍旧是智能化设计师。在这家公司工作仅1年时间，又选择去了省会城市的智能化工程公司，职务仍旧是智能化设计师。在这家公司工作不到3年，又再次跳槽去了当地比较大的一家搞智能化信息研究的事业单位，从智能化工程师晋升至技术主管，目前年薪30万元。

点评

谢工的职业生涯，最大的败笔是跳槽太频繁，但是他能通过再做新的职业选择时最终进入自己想转型的领域，也算是不幸中的万幸。由此可见，智能化工程领域依旧存在巨大的人才缺口，所以毕业院校一般的谢工，才能够每次做岗位选择时都能顺利找到他想去的公司。如果他能在一家大型智能化工程公司一路按部就班发展，那么他当前的年薪应该最少在50万元。但是，他跳槽太频繁了，第二家和第三家公司职务均没有变动，按照职业规划理论，增值期转岗应该是职务优先。但是，谢工明显违背了这个原则，导致他毕业10年了，职务还仅是技术主管，而且薪资只拿到了这个领域的中等偏下水平。

第十章

暖通工程职业发展路径

人类只是地球上的匆匆过客，唯有城市将永久存在。

——贝聿铭

第一节   # 暖通工程专业最佳发展路径

☠ 就业最佳切入点：工业、电子类设计院

☠ 晋升路径：暖通设计师→暖通专业负责人→总工→

　　　　甲方技术负责人

在大学里，供热通风与空调、建筑环境与设备工程、建筑环境与能源应用工程等专业，毕业后都是做暖通的，我把这些专业统称为暖通工程专业。在工业制造业领域，暖通是核心专业之一，因此，工业类设计院是该专业的首选。这类设计院主要是从事各类工业制造业的厂房建设的，包括但不限于电子、医疗医药、化工、半导体等领域。

由于这些领域对技术的要求非常高，因此必须要不断地做横向拓展。也就是说，在专业路线上不断积累沉淀。从上面梳理出的职业路径也可以看到，晋升空间不大，职业天花板很低，所以更多的是在技术方面的不断突破，而你的收入也是随着技术的突破而突破的。做到5年的暖通工程师，年收入就可以达到30万元左右，如果你能成为技术骨干，年收入在40万～60万元，一些业内的技术大拿收入就更高了，年薪百万元也是非常常见的。

在工业、电子类设计院，注册证书也是必备条件。所以，毕业

5年左右的时候，别忘了考注册暖通工程师证书。证书下来后，我们就要注重对业绩的积累了，抓紧一切时机去多参与主导一些重大项目是非常重要的，业绩是对你个人实力的最好证明。

由于职业天花板比较低，也有很多暖通工程师会选择去甲方。在工业制造业的甲方一般都是一些大型电子制造企业，其中不乏中国百强、世界百强企业。如果你能进入这些企业的基建部去担任技术负责人，就实现了跨界发展；而且，工业领域的上游，人才竞争没有那么激烈。只要平台足够大，你个人的技术实力能满足甲方的用人需求，也是可以安稳干到退休的。

但是，走这条路径也有弊端，由于对技术层面要求比较高，必须是扎在这个细分赛道并且始终在技术一线沉淀多年的人，才可以满足甲方的用人标准。那么，将来如果再次做职业选择，还是只能在这个细分领域进行选择，走专必然就是路窄。这也是无奈，鱼与熊掌不可兼得。

有的工程师可能会说，那我一毕业就直接进这样的甲方可以吗？当然也可以，实际也确实有一些暖通专业的学生毕业就进了这样的企业。但是，没有经过一线技术沉淀，你在对接下游设计院的时候，很难做好技术把控；而且，几年都晋升不上去，你再去设计院还要从头开始，白白浪费时间，所以不如一毕业就先去设计院锤炼技术，之后再跳槽去甲方。

现在，都在倡导节能建筑、绿色建筑、碳中和等概念，节能顾名思义就是节省能源；而暖通这个专业的工作内容就是围绕能源展开的，电能源、水能源、气能源，所以大学的专业叫建筑环境与能源应用。有很多大型设计院和环保公司都在从事节能领域的研究，因为做的是时代前沿的事情，所以门槛比较高，对学历的要求是很高的。如果你对这个领域感兴趣，那么本科毕业后再去考研就很有必要。

案例
> 黄工毕业于建筑老八校暖通专业，毕业后进入一家大型央企下属的设计院从事暖通设计，这家央企主要从事医疗、电子厂房、数据中心等项目，期间黄工考取了注册暖通工程师证书，做到了暖通专业负责人岗位。后经由猎头介绍去了一家世界百强全流程项目管理公司担任暖通技术主管，后又升任暖通技术专业负责人，年薪60万元。

点评
黄工之所以能迎来变现期，主要原因是：（1）院校背景好；（2）毕业选择的赛道非常好，半导体厂房、新基建都是最近几年的风口行业；（3）成长期和增值期都是在第一家公司完成的，这意味着稳定度高。我们上面的职业路径写的是在设计院发展到了瓶颈时，还可以选择去甲方。像黄工这样的虽然没有选择去甲方，但是全流程项目管理公司在业内俗称二甲方。其实，就是甲方把整个项目全权委托给一家专业的公司进行管理，所以黄工的发展方向还是进入了甲方。

第二节

暖通工程专业常见发展路径

✂ 职业起点：建筑设计院

✂ 晋升路径：暖通设计师→暖通专业负责人→暖通总工

　　这是我们这个专业最常见的一条职业发展路径，早期房屋建筑领域蓬勃发展的时候，市场存在巨大的人才缺口，所以很多这个专业的学生一毕业就进了各大建筑设计院。刚参加工作从事普通的暖通设计，几年后就可以做专业负责人了，这期间一定要考注册暖通工程师证书，10年后基本都可以做到暖通总工。但是，在建筑设计院，暖通只是配套专业，所以职业天花板比较低，最高职务就是暖通总工，没有晋升院总工的可能性。

　　那么，接下来就只能是做横向拓展了。行话说，水暖不分家，很多做暖通设计的也都会做给水排水设计。此时，如果时间精力允许，那么可以再考取一个注册给水排水工程师证书。如果是水暖都可以做得很好，那么你的薪资还会有大的涨幅。普通的暖通工程师年薪基本在10万元左右。如果考取了注册暖通工程师，可以做到暖通专业负责人，那年薪在15万～25万元，暖通总工的年薪最高能到30多万元。注册暖通证书含金量是比较高的，考取难度大，市场上持证人比较少，所以有注册证书在求职市场上也是一个很大的竞争优势。

⛏ 职业起点：建筑设计院

⛏ 晋升路径：暖通设计师→暖通专业负责人→甲方暖通
设计经理

由于在建筑设计院的晋升空间比较小，职业天花板比较低，所以很多暖通工程师在设计院做上几年后就会跳槽去甲方，也即房地产公司。关于房地产公司各级职务的详述，在讲给水排水职业路径的时候有提到，大家参考一下，此处不再展开叙述了。

房地产公司的薪资和职务晋升空间都会高于乙方，但是挑战就是人际沟通能力、与其他各专业的协同能力、上下游供应商的关系处理能力等，所以不是所有的暖通工程师去甲方后，都能混得如鱼得水。打算选择这条职业路径的工程师们，还是要结合自己的条件来做选择，我遇到过很多转去甲方不久就又想回来的人，大部分会觉得不适应甲方的工作环境。

⛏ 职业起点：建筑设计院

⛏ 晋升路径：暖通设计师→暖通专业负责人→EPC暖通
设计主管→EPC暖通总工

EPC是最近几年流行的一种工程管理模式，也叫工程总承包模式，其实就是设计、采购、施工一体化。2010年，住房和城乡建设部发文，要求所有的总包特级以上资质的施工企业必须成立甲级设计院，否则就要吊销总包资质，就是为了推行EPC模式。很多大型施工企业纷纷转型成为EPC总包公司，也就是说EPC总包公司的前身基本都是施工企业。

　　暖通这个专业在设计院发展到一定阶段，就会触及职业天花板。有的人选择去了甲方，但是也有一些人的性格并不适合甲方，继续在设计院发展又觉得很受限。此时，不妨选择去EPC公司下属的设计院看看。虽然都是做暖通设计，工作职务变化不大，但是工作内容会有很大的变化。在乙方设计院做暖通设计，只需要考虑与建筑结构等其他专业的协同问题就行了。但是，在EPC企业做暖通设计，不仅考虑设计阶段各专业的协同问题，还需要考虑施工阶段各专业的协同。在乙方做设计，只需考虑如何按规范交付图纸；而在EPC企业做设计，你还需要在设计的基础上不断优化图纸，以达到控制成本的目的。总之，在EPC企业做设计，对设计提出了更高的要求，挑战性更大，薪酬也普遍高于传统的设计院。

　　⚒　职业起点：施工企业

　　⚒　晋升路径：机电工程师→机电项目经理→甲方机电

　　　　　　　　主管→甲方机电经理

　　你也可以直接进施工企业，从机电工程师做起，由于水暖不分家，所以暖通和给水排水进入施工企业，岗位都是机电工程师。暖通专业在施工企业的发展路径详情介绍，请参考给水排水工程专业。

暖通和给水排水专业的发展路径非常相似，纵向上分设计和施工两个切入点，横向领域除了房建，互联网、新能源、环保、工业制造等领域，均适合暖通专业的发展。

案例1

季工毕业于建筑老八校暖通专业，毕业后先是进入了一家本地的机电分包施工企业从事机电工程师，三年后选择去了一家地产公司。在这家地产公司工作了10年，从机电主管一路晋升成机电经理，年收入50万元左右。

点评

季工的优势是学历好，所以起点虽然不高，但是他能凭借学历优势很快跳转去甲方。我经常讲个人综合实力不强的人不要去甲方，很容易被淘汰，但是季工是名牌大学毕业，所以进入甲方之后也是企业的重点培养对象，加之季工一直在同一家地产公司干了10年，期间没有跳过槽，这也为他迎来变现期打下了基础。

案例2

余工毕业于普通本科院校暖通专业，毕业后先是进入了本地一家中型设计院从事暖通设计，5年后选择进入了地产公司，仍旧是从事暖通设计管理工作，后晋升为机电经理。在地产行业工作了6～7年后，经由猎头介绍去了一家互联网行业头部公司基建处，担任机电项目经理，年薪70万元。

点评

余工非名牌大学毕业，为什么也能进入互联网头部公司呢？因为他既有设计经验，又有地产公司对项目的全流程跟进管理经验。在房地产行业蓬勃发展的那几年，很多人是不会考虑进入互联网企业的，认为是脱离了主赛道，会影响未来的发展，所以余工能有机会转换赛道。不管是地产公司还是互联网公司，都属于甲方。先有乙方的技术沉淀后，再选择去甲方会更有优势。

案例 3

曹工毕业于211大学，研究生学历，暖通专业，毕业后即通过校招进入大型设计院从事暖通设计。在该院工作10年，做到了暖通总工，并且在期间考下了注册暖通工程师证书。这10年间，曹工有机会参与了多种项目的暖通设计，尤其是数据中心项目。所以，10年后猎头挖他去了业内一家专业以数据中心项目为主的设计公司，担任职务是高级工程师。在该公司仅工作一年，就又再次选择去了一家大型国企设计院。该设计院是专门从事能源节能方面的研究机构，主要涉及的项目类型就是数据中心、智能化工程等新基建领域，职务是高级技术专家，年薪60万元。

点评

（1）曹工的毕业院校非常好，这为他进入大型平台且有机会参与更多项目、积累业绩提供了先决条件；（2）曹工的成长期和增值期在一家公司完成;（3）他的业绩非常好，并且在一家公司工作了10年，稳定度高，所以有机会进入大型能源节能领域的头部公司，最终迎来了职业生涯的变现期。

第十一章

给水排水工程职业发展路径

打造一座建筑就是在清晰澄澈的逻辑思考里，以空间结构传达真实世界里的概念，像是大自然、历史、传统及社会。

——安藤忠雄

给水排水工程专业最佳发展路径

❀ 就业最佳切入点：市政设计院给水排水设计师

❀ 晋升路径：一般设计师→给水排水专业负责人→给水

排水总工→院总工/院长

给水排水专业的全称是给水排水科学与工程，也有叫给水排水工程，我们此处统称给水排水工程专业。这也是一门就业范围非常广泛的专业，可以说各类工程都离不开这个专业的参与，但是最有发展前景的还是市政行业。最近几年比较热门的海绵城市、地下管廊等项目中，都是给水排水专业牵头实施的。

刚毕业进入企业，职务是一般设计师，主要做一些简单的给水排水设计，想晋升到给水排水专业负责人最少要三五年的时间，这期间别忘了考取注册给水排水工程师证书。很多企业招聘给水排水专业负责人，也要求必须带注册证书。工作10年左右的给水排水专业负责人的年薪最少在30万元以上，这是远远高于建筑给水排水的。

给水排水专业负责人的工作职责，还是以设计为主，对团队管理方面的要求并不高，但是对技术管理有要求，很多给水排水专业负责人经常会担任项目负责人，对接甲方，协调各专业，所以沟通协调能力也是必备的。如果你不仅技术管理做得好，还擅长团队管理，就可以担任给水排水总工。市政设计院的给水排水总工年收入通常都在50万元以上。

通常，做到给水排水总工，职业发展就会触及天花板。此时，就需要做横向拓展了，拓展的方向还是在丰富项目类型和提升项目规模方面。随着你的技术能力的提升，你的收入也会不断提升。但是，如果你希望在职务上能再实现一个跃升，到达院总工的级别，那你除了做技术方面的横向拓展之外，还需要做能力方面的拓展，比如你的商务能力、开拓市场的能力等。要提醒大家的是，给水排水专业只有在市政类设计院才能晋升到院总工；如果你在建筑设计院，是没有晋升到院总工的机会的。因为市政设计院，给水排水是牵头专业；在建筑设计院，建筑学和结构工程是牵头专业。只有在你是牵头专业的领域中发展，才能实现最大的个人价值。

为什么说要想晋升到院总工或者院长级别，还需要拓展商务能力呢？因为市场竞争越来越激烈，原来市政设计院是不愁项目的，但是未来随着市场化竞争加剧，承揽项目越来越难。此时，谁拥有市场资源，谁在企业就拥有更多的发展机会。而院总工或院长这一级别作为设计院的高管，必须为设计院的经营负责。他们是要承担经营指标的，如果你不懂经营，就无法胜任这样的岗位。

案例

杨工毕业于建筑新八校给水排水专业，毕业后即通过校招进入了当地最大的一家国有市政设计院，从事给水排水设计工作。在这家设计院已工作10年，考取了注册给水排水证书，目前职务是给水排水专业负责人。近几年，一直在负责城市地下管廊项目，年薪40多万元。

点评　杨工的优势:(1)毕业院校好;(2)赛道选择得好——市政;(3)在一家公司完成了成长期和增值期;(4)一直在做横向领域拓展——负责城市地下管廊项目。杨工走的就是专家路线,毕业至今做的是一样的事情。但是,在一件事上做到极致,这就是工匠精神。建筑行业需要这种工匠精神。

第二节　## 给水排水工程专业常见发展路径

✂　职业起点：建筑设计院给水排水设计师

✂　晋升路径：一般设计师→给水排水专业负责人→给水排水总工

　　除了市政给水排水之外，我们还有建筑给水排水，毕竟房建领域是非常大的一个市场，建筑设计院的职业发展路径跟市政设计院基本雷同，就不一一展开描述了。我们只说这两个领域的不同之处吧，给水排水在房建领域属于配套专业，所以薪资普遍低于市政给水排水。一个从事10年建筑给水排水设计的注册工程师，年收入最多一般不超过30万元，而市政给水排水工程师平均年收入均在30万元以上。

　　甲级建筑设计院最多只需要三名注册给水排水，而甲级市政设计院需要八名注册给水排水，如果你考下了注册给水排水证书，显然去市政设计院更有利于你的发展。但是，早些年大部分人都选择了建筑给水排水，因为做建筑给水排水，将来可以选择去房地产发展。大家都知道，房地产的收入是非常高的，这就是我们立即要介绍的另外一种职业发展路径。除此之外，给水排水专业还可以看看新基建领域，尤其是专门做数据中心项目的设计院，给水排水在这类型项目中也是重要专业，给的薪资也都普遍高于建筑给水排水。

※ 职业起点：建筑设计院给水排水设计师

※ 晋升路径：一般设计师→给水排水专业负责人→房地产机
电部长→机电总工

如果一毕业选择从事建筑给水排水，那么沉淀上几年之后，你就可以选择去房地产。在乙方沉淀得越久、技术越好，你去甲方后的职务和薪资也就越高。在甲方，通常不会只让你负责给水排水，而是水暖电一起负责，统称机电专业，所以在甲方的职务习惯称呼为机电工程师，往上晋级分别是机电经理或机电部长、机电总工或机电总监。甲方的机电经理，年薪一般在30万～40万元，机电总工年薪在45万元以上。但是，最近几年房地产行业萧条，所以这条发展路径并非首选。

※ 职业起点：环保行业环保工程师

※ 晋升路径：环保工程师→工程部长→项目经理→技术
负责人

给水排水专业还可以从事污水处理、水环境治理等方向的工作，这属于环保大赛道里面的细分领域，所以我把它统称为环保工程师。有一部分市政类设计院也会从事城市污水处理，或者水环境治理方面的项目，这属于市政给水排水范畴。此处，我们只讨论非市政类设计院的职业发展路径。

环保领域的工程项目都是技术门槛非常高的项目，所以环保工程全是EPC工程，即在技术人员指导下完成整个工程项目建设。刚参加工作时，一般只负责基础的图纸绘制工作，熟悉环保工程的规范原则，几年后你就可以晋升工程部长。工程部长就需要参与到项目的后期施工中，为施工提供技术支持和服务。在这期间，别忘了考取注册证书。注册环保工程和注册给水排水工程师证书是必考的两个证书，择其一即可。如果有精力，全部考下是最好的。

如果想晋升环保工程项目经理，你还需要考取一级机电建造师。环保项目经理的年薪通常在30万元以上，大多数人发展到这个岗位就会触及职业天花板。如果你还想进一步获得晋升，那么就需要再沉淀技术实力。只有在前端设计和后端施工现场管理方面均具备丰富的经验，处理过各种复杂的技术难题，你才有晋升技术负责人的机会。

⚒　职业起点：施工企业机电工程师

⚒　晋升路径：机电工程师→机电项目经理→甲方机电主

管→甲方机电经理

施工相比设计院来说，工作环境要艰苦一些，因为需要常驻现场。刚到工地上的时候干的是基层技术工作，三五年后可晋升到技术主管。考取一级机电建造师证书后，有机会晋升到机电项目经理。机电项目经理的年薪通常在20万元以上，在施工一线这已经是最高管理岗了。有一部分人此时会选择去甲方，去甲方后的利弊之前已经介绍过了，此处不再展开赘述。

　　总结一下，这个专业就业入口分设计和施工。如果你的学历不错，对你最好的选择是设计。如果你学历一般，那么你的就业入口最好选择施工。不管是设计和施工，在一线沉淀几年技术之后均可以去甲方，但是去甲方有利有弊，甲方竞争极其激烈，淘汰率非常高。如果你不是学历背景很强大，综合素质和能力秒杀一大片的人，那最好不去甲方。上面的分析是从行业上下游产业链来说的，从横向来说，房屋建筑、市政、环保、新能源等赛道，对我们来说都是非常不错的选择。

案例1

尧工毕业于重点一本给水排水专业，毕业后通过校招进入了本地一家甲级市政设计院从事给水排水设计工作，在市政设计院8年时间做到了给水排水总工职务，并且考取了注册给水排水资格证。后选择进入一家环保工程公司担任设计所总工。3年后又选择进入了其服务的甲方公司，担任生产部总工，为其环保创新提供技术支持，年薪60万元。

点评

尧工的优势：（1）毕业于一本院校，为其能进入大型市政设计院提供了条件；（2）在第一家公司完成了成长期和增值期；（3）由于在市政设计院参与过污水处理等项目，为其转岗去环保行业打下了基础；（4）由环保乙方做到了环保甲方，职业路径是一路上升。

案例
2

郭工毕业于普通本科院校给水排水专业，毕业后先去了当地一家国有施工企业，担任机电工程师。工作仅一年多时间，就选择去了地产公司。工作至今，由机电工程师一路晋升，目前是机电经理，年薪30万元。

点评

郭工的职业路径走得并不算成功，所以他的年薪是30万元，这在地产行业算是中等偏低的薪酬，郭工的劣势在于：（1）毕业院校一般；（2）在乙方没有做好技术的沉淀，匆忙跳槽去了甲方；（3）所经历的几家公司都不是大平台。

第十二章

工程造价职业发展路径

只要建筑能够跟得上社会的步伐，它们就永远不会被遗忘。

——贝聿铭

第一节 工程造价专业最佳发展路径

✂ 就业最佳切入点：大型总包公司

✂ 最佳职务：预算造价

✂ 晋升路径：项目部预算造价（1～3年）→项目部商务经
　理（3年）→集团经营部经理→集团经营副总

　　工程造价专业，在成长期一定要选择大型总包公司，从项目上的预算造价做起，做预算造价的时间最多三年。之后，要逐步开始拓展商务方面的工作内容，比如项目上的招投标、商务合约签订等。这代表着你已经进入了增值期。有些朋友参加工作10年了，结果还仅是预算员，这是有问题的。

　　如果你在商务领域的工作比较熟练后，就可以晋级到项目的商务经理。这代表着你第一阶段变现期的到来，做到商务经理，年薪基本都在20万元以上，跟项目经理持平。甚至有的商务经理的薪资还高于项目经理。在大型总包项目上，商务经理是核心岗位之一，项目经理、总工、商务经理，共同构成了业务铁三角，是项目上不可或缺的重要岗位。

　　大部分造价人在商务经理的岗位上很难再获得晋升了，职业会进入瓶颈期，这个时候需要再次做横向拓展。一方面，继续沉淀技术，除了预算造价，还要懂成本控制；另一方面，要注重商务资源的积累。由于参与众多上下游商务资源的对接工作，这个岗位是非常便于积累人脉资源的。**尤其要重点提醒的是，如果你有主持过大额合同变更的职业经历，你的身价将倍增。**如果你在以上两方面积累得比较好，那你就有可能挑战集团的经营岗位。

由商务到经营，是再一次跃升。经营在所有公司都是非常重要的板块。如果能进入经营部门参与经营工作，无疑是达到了公司的核心管理层。如果你能做到经营部一把手，年薪百万元是完全不成问题的。很多公司花重金通过猎头来寻访经营副总，就可见这样的人才在市场上是极为稀缺的。

由于这是一个跟市场紧密结合的岗位，所以也有部分经营副总在原单位发展遇到瓶颈后，转岗去别的公司挑战市场总监岗位的。不管是经营岗位还是市场营销岗位，都是掌握商务资源的岗位。这是一个变现能力非常强，同时压力也非常大的岗位。

由项目上的预算造价到商务再到经营，可以说是最适合造价专业发展的一条职业路径，预算造价是成长期打基础的工作。有了一线的技术积累，才能向上去挑战商务工作，技术加商务构成了经营岗位的工作内容。所以，把技术和商务工作做好，才能为下一步挑战经营岗位打下非常好的基础。每一步都在为下一步发展打基础，每一步都错不得。

有一些造价师朋友不想由项目上做起，一毕业就去了造价咨询公司。在造价咨询公司沉淀10年，你无法成为总包公司的经营副总；但是，在总包公司沉淀10年，你是有可能成为公司的经营副总的。即便在原单位实现不了跃升，也可以选择去别的总包公司挑战经营副总。经验和积累到了，到哪里都不愁好职位。

案例1

于工，统招大专，工程造价专业，毕业后进入央企三级公司，在该公司工作10年时间，从商务专员一直晋升到经营科科长，期间考取了注册造价师证书，评了高级职称。之后，经由猎头介绍去了一家大型总包私企公司任职集团经营部经理。几年后又晋升为经营副总，年薪60万元。

点评

于工的劣势是学历不够，优势是起步平台很好，并且能在一家公司坚持10年，期间多次获得晋升，足见于工个人实力非常强大，这为他去私企后能最终晋升为经营副总，打下了很好的基础。

案例2

朱工，普通双非本科学历，工程造价专业，毕业后进入地方民营施工单位，从项目上的预算员做起，3年时间做到了商务经理。此后，就被公司调去了市场部，主抓市场经营工作，职务晋升到了市场经营部经理。后经由猎头介绍去了央企三级公司，任职商务中心主任。几年后，晋升为该三级公司的市场经营副总，年薪40万元。

点评

朱工的学历背景还是不错的，他的发展曲线是先民企后央企。并且，进入央企的时候就是以一个比较高的起点进去的，这也是值得借鉴的一个发展思路。朱工的学历还行，但是在央企人才济济，这样的学历就没有太大优势。如果一毕业就进入央企，可能很难通过自身努力在央企晋升到高管。朱工先进入私企，并且该私企在当地也是龙头企业，朱工进去后先是做商务工作，后主抓经营，积累了足够多的商务资源。这也为他进入央企打下了很好的基础。进入央企的年龄是35岁，并且进去给的职务就比较高，年龄又还在干事业的好时候，还可以有进一步晋升的机会。但是，由于他是从小平台进入的大平台，所以薪资并不是特别高。相信朱工在央企沉淀几年之后，薪资和职级还会有上涨空间。

第二节 工程造价专业常见发展路径

✎ 职业起点：造价咨询公司造价工程师

✎ 职业发展路径：造价工程师→项目负责人→合伙人→
　　　　　　　　自行创业

　　造价咨询公司也是我们造价人常见的选择之一。我个人的建议，这是比较适合女性的一个选择。毕竟女性尤其是年轻的女孩子，一毕业就下工地是非常辛苦的，而且工地的环境不适合女性常待。但是大部分的造价咨询公司规模都不大，管理非常扁平化，所以晋升空间也相对有限，收入相比总包公司来说低得多。工作5～10年的造价师平均年薪在10万元左右，年薪在20万元以上的造价师一般都是公司的核心技术骨干了。

　　如果你选择了一毕业就进入造价咨询公司发展，那么你的工作就只围绕两方面：一方面做好基础技术；另外一方面就是琢磨怎么服务好甲方。你能把甲方维护好，能持续不断地为公司产生价值，你就可以成为项目负责人，可以拿到奖金提成。如果你在这个阶段拓展得好，能同时成为多个项目的负责人，你就有机会成为公司的合伙人，参与年终分红。在一些大的造价咨询公司，能做到合伙人级别，收入也还蛮可观的。当然，能做到合伙人级别的，就有资本自行创业了，所以还有一部分造价人会利用以往的资源自行创业。

创业是另外一条路，不属于我们探讨的范畴，就不做赘述了。

有一些朋友一毕业进了咨询公司，做了一段时间后，又觉得工作累薪资又不高，又想着去施工单位。两边跳来跳去的，最后在哪边发展得都不好。总是这山望着那山高，是职场大忌。最好是把几条职业发展路径都对比一下。一旦选择了，就坚定地在这条路上持续走下去，行行都能出状元。

🔧 **职业起点：大型总包预算造价**

🔧 **职业发展路径：总包预算员造价员→甲方成本经理→**

甲方成本总监→造价咨询公司

好多造价人虽然刚毕业的时候进入了总包公司，但是在项目上做得太累了，此时有甲方向他们抛出了橄榄枝。相比总包，甲方的薪资高，工作环境又稳定，是很多造价人的最佳选择。但是，甲方的竞争非常激烈，很多人在甲方是干不到退休就要被淘汰的；而且，由于竞争激烈，所以甲方的工作强度不亚于在乙方，甚至比乙方更重。

从甲方淘汰掉的这部分造价人，处境就会比较尴尬。因为重回乙方一般回不去，很多乙方明确表示不要甲方回流的人。那么，剩下的唯一选择就是重回造价咨询公司。在造价咨询公司的发展路径之前分析过了，此处不再重复。

当然，也有在甲方发展得非常好的。因为甲方的成本意识非常强，所以造价专业到了甲方后，工作的重心就会逐步向成本控制方面倾斜。成本部是甲方的核心部门之一，很多甲方的成本总年薪也都在百万元。如果你想成为甲方的成本总监，你的技术基础一定要非常好。很多甲方为什么喜欢从乙方挖人呢，就是因为乙方是技术一线，在技术一线沉淀了多年的人是甲方的心头好。能做到甲方的成本总监的人，基本都有乙方的从业经历，而且是在乙方的任职经历不下5年。

也有一些造价师朋友说，毕业先进咨询公司，然后再去甲方可以吗？这样的发展路径也是可以的，但是由于缺乏在技术一线的沉淀，所以很难做到甲方的成本总监这样的岗位。如果你的职业目标是将来能做到甲方的成本总，还是需要先在乙方沉淀技术，之后再到甲方会更有竞争优势。

案例 1

彭工，双一流大学本科，工程造价专业，毕业后先是进入了当地一家造价咨询公司，职务是造价工程师，工作一年之后选择进入了房地产行业，在当地一家大型房地产公司工作7年，从成本工程师晋升到了成本合约部经理。之后又进入国内前五的地产公司。工作5年，从成本经理晋升为成本总监，年薪80万元。

点评

彭工有学历方面的优势，但是他刚毕业的切入点并不好，去了造价咨询公司。好在仅一年时间，他就选择去了房地产，前后经历的两家房地产公司，第一家是当地头部公司，第二家是国内头部公司，均是大型平台。他身上集合了学历、平台和业绩三方面的优势，所以最终迎来变现期。

案例
2

赵工，双一流大学本科，工程造价专业，毕业后通过校招进入了大型央企。工作4年，从预算员晋升到商务经理。但是，刚晋升商务经理没多久，赵工就选择去了地产公司，职务是预算主管。第一家房地产公司工作仅一年时间，再次跳槽；第二家地产公司工作4年，目前仍旧是预算主管，年薪25万元。

点评

赵工学历背景非常好，起步平台也很好，而且在该公司很快晋升到了商务经理。但是，赵工刚晋升商务经理就跳槽了。也就是说，增值期提前中断。由于技术沉淀不够，所以跳槽去地产之后，只能再次从基层岗位做起。但是，在第一家地产公司又是很快跳槽，前后两次跳槽都有些着急，所以导致他的第三家公司职务还是要从基层做起。虽然院校背景好、起点高，但是跳槽没有跳好，所以他的职业生涯高开低走，非常可惜。

案例
3

程工，统招大专，工程造价专业，毕业后进入当地一家民营EPC总包公司，职务是预算员。5年后跳槽去了一家造价咨询公司，在该公司工作3年多时间，职务晋升到造价项目负责人。之后，又去了房地产公司，职务是成本工程师，年薪30万元。

点评

程工没有学历方面的优势，也没有在大型平台的任职经历，所以他即便进入了甲方，也很难晋升到成本总监。毕业10年，他仍旧只是在甲方公司担任一个基层岗位。他经历丰富，先后在施工企业、造价咨询企业、房地产企业担任相关职务。但是，由于学历的天然劣势，再加上经历都是小平台，无法给自己求职形成助力，所以他的职业路径走得并不算完美；而且在当前地产下行的市场环境下，他很快会面临淘汰下岗的境况。

第十三章

土木工程职业发展路径

> 埃及的庙宇和帕提农神庙对我触动很大，我没想到建筑会有那么激动人心的力量，它比音乐更动人。
>
> ——菲利普.约翰逊

第一节　土木工程专业最佳发展路径

⚒ 就业最佳切入点：大型总包公司

⚒ 最佳职务：技术员

⚒ 晋升路径：技术员（1～3年）→技术部长（3年）→项目总工→集团总工

　　土木工程这个专业是一门技术学科，主要研究施工技术，所以最佳切入点是总包技术员。技术员属于成长期职务，即我们毕业时选择的第一个职务，我经常讲起点决定终点，我们参加工作时任职的第一家公司第一个职务就代表了我们的起点。起点越高，未来发展也会越好；起点低，未来发展就缓慢。因为你可能要用好几年时间才能追上别人的起点，所以成长期重平台。

　　成长期最重要的就是学习技能和人际沟通。这个时间最长3年，也有比较优秀的人可能仅用1年时间就进入了增值期。但是，如果你3年时间还在干最基层的职务，那就是有问题的，一定要及时找领导沟通。关于沟通的技巧，请参考增值期规划策略（如何争取轮岗机会）。

　　如果你的职务晋升到了技术部长，这是你进入增值期的标志。在增值期，就是要不断地拓展能力边界，所以你要主动承担更多的工作职责，这是一个积累沉淀的阶段。同时，在这个阶段别忘了考取相关注册证书。证书不是考得越多越好，而是考取能为自己未来发展助力的证书。比如，你的下一职业目标是晋升项目总工，那么首先要把一级建造师证书考下来。虽然做总工不需要一级建造师证书，但是实际很多公司招聘总工时，都把具备一级建造师证书作为必要条件。这也是为了人才储备的需要。总工是项目上仅次于项目经理的重要职务。如果总工具备一级建造师证书，那么就具备了晋升项目经理的硬性条件。

如果说成长期你的工作内容主要还是围绕怎么做事，也就是技术层面，那么，到了增值期不仅要继续关注怎么把事做好，还要学习怎么管理人才。只有把技术和管理这两项技能都发展得很好，你才有机会做下一步晋升。下一个职务目标是总工，这个职务是涉及管理的，即便总工以技术为主，可是他依旧要协调各专业。所以，不懂管理而只会埋头做事的人，当不了总工。

如果你能晋级到总工，那么恭喜你，标志着你迎来了变现期。总包的项目总工，年薪基本都在20万～40万元，根据所管理项目的大小或所在地不同，薪资上下浮动，但基本都在这个范畴之内。很多人到了这个级别，职业发展就到了天花板。因为总工是项目一线的最高技术负责人，很多人待在这个岗位上干到了退休。

如果实在没有机会向上晋升了，我们还可以做横向拓展。我之前也说过，建筑人的职业发展是纵向横向交叉进行的。虽然职务无法晋升了，但是我们可以考虑在项目规模和项目类型上做拓展。比如，管理规模更大的工地；原来只做房建项目，接下来也接触一下市政项目等。

也许你会说，我原单位只做房屋建筑，不做别的项目，那说明你所在的平台太小了，大型总包公司不可能只做一种项目。这时，平台的优势就凸显出来了。小平台的拓展空间很有限，跳槽去拓展又很容易造成频繁跳槽的情况，不利于下一步的发展。所以，平台的选择非常重要。再次跟大家强调一下，一定要尽可能选大平台。

当你横向拓展达到一定程度的时候，有可能会再次获得纵向晋升的机会，比如成为集团的总工。当然，这属于机关的高层管理岗，少数佼佼者才能够得上的职业目标。如果机关的高层管理岗位是你的职业目标，那么在变现期你还需要持续给自己增值。因为高层管理岗位不仅要懂技术、懂管理、懂商务，还要关注行业大势。也即有战略思维，有见识高度。

另外，想实现从一线管理岗到集团管理岗的跃升，还有一个途径。就是在大平台做横向拓展积累，然后跳槽到低一级平台去挑战更高职务。选择这条路径实现跃升是绝大多数人的选择，因为在大平台里去PK掉上一任领导，不仅是靠实力，也要靠多方面的因素。

想挑战集团高管岗位，你的最优期限在45岁，那么35岁你至少要做到项目一线的最高管理岗。然后，用10年时间的沉淀去挑战集团高管。很多人起点就选错了，然后30多岁了想重回施工，你这辈子都没有机会做到集团高管。

案例

占工是国内某建筑老八校土木工程专业毕业，毕业就进入了大型央企，在该央企工作将近20年，刚进去的时候职务是施工员，仅2年时间就晋升到了项目总工。之后，考取了一级建造师证书，7年时间晋升到了项目经理。此后，一直在项目经理岗位上干了将近10年，期间自己管理的项目多次获得省优质工程奖、国家优质工程奖，本人也多次获得优秀项目经理的殊荣，可以说各种光环加身。但是，在项目经理岗位上待太久了，而且眼看要40岁了，再往上晋升的希望也很渺茫。此时，有猎头联系占工，于是占工就选择去了一家大型总包私企公司任职工程副总，年薪60万元。

点评　占工的职业路径走得非常完美：（1）毕业院校好；（2）进入职场的第一家平台好，起点高；（3）成长期和增值期在一家公司，且做到项目经理后，又一直做横向拓展、积累业绩。这为他最终能晋升工程副总打下了非常好的基础。

第二节　土木工程专业常见发展路径

❊　职业起点：施工企业施工员

❊　职业路径：施工员→工程部长→项目经理→集团工
程总

　　项目上，有的土木专业做了技术员，还有的土木专业做了施工员。经常有人在直播间问，做技术员好还是施工员好？从这个专业的性质来说，技术员是最佳切入点，其次就是施工员。技术员晋升的目标是总工，主打技术；施工员晋升的目标是项目经理，主打管理。总工是不断解决技术难题，项目经理是不断解决人际难题。所以，也有人戏谑，做项目经理最重要的技能是会喝酒。

　　施工员想晋升到项目经理，最快也要5年，大部分人需要用10年左右的时间。有些国央企5年培养出来一个项目经理，这样的人一般都是学历背景特别好，以管培生的身份进入企业，通过轮岗快速了解项目全流程管理，从而才能达到5年培养出一个项目经理。作为普通人，我们想晋升到项目经理，还是需要漫长的时间和经验的积累与沉淀。

　　这期间我们需要做以下准备：（1）考取一级建造师证书，这是做项目经理的必备条件；（2）在熟悉施工技术的前提下，提升管理能力；（3）懂人情世故，擅长与各类性格的人打交道；（4）多接触预算、决算知识以及定额里的计算规则，为合同的谈判、分包商单价确定等做商务基础。如果你能在增值期把这几件事做好，那么你就可以顺利迎来变现期——晋升项目经理。

项目经理将会成为大多数人的职业天花板，尤其对于学历一般的人来讲，能混到项目经理，那就实现人生的巅峰了。但是，如果你不想止步于此，你有更高的职业追求，那你就需要在项目经理岗位上不断继续给自己增值，继续做横向拓展，不断丰富项目类型和扩展管理的项目规模。一个只管理过10万平方米工地的项目经理和一个管理过百万平方米工地的项目经理，其薪酬能一样吗？积累到一定阶段，你就有机会晋升集团工程总，从而迎来再次的职业高峰。

集团工程总是机关高层管理岗位，只有极少数幸运儿可以做到。如果你的职业目标是这个，那你的学历背景首先不能太弱，其次一定要有大平台的长期从业经历（至少5年），还要有四库一平台备案的大型项目业绩，所以项目经理阶段的业绩积累非常重要。

⚒ 职业起点：施工企业技术员

⚒ 晋升路径：技术员/施工员→技术总工/项目经理→甲方技术负责人→咨询/监理/项目管理公司项目负责人→咨询/监理/项目管理公司合伙人

这也是比较常见的一种很有代表性的发展路径，很多土木人觉得施工太苦了，所以在项目一线做到技术总工或项目经理后，积累了丰富的技术经验，就会被甲方高薪挖走。好多人在直播间咨询，怎样才能跳转到甲方？想进甲方，要么学历背景非常好，要么技术过硬。甲方是总包的上游，他们的用人偏好就是习惯于从总包挖人。只有把你们的人挖过来，我才知道你们是用什么套路对付我，才便于甲方更好地管理下游总包。另外，在总包沉淀多年，技术实力过硬，也是甲方比较看重的，这样可以帮助甲方做好技术把控。

但是，跳转甲方有一个非常大的弊端。甲方竞争太激烈，人员流动非常大，最多到40岁就会面临被淘汰，这个时候你想重回施工，基本上很难，施工企业不喜欢甲方回流的人。我们服务过的很多施工企业不止一次非常明确地告诉我们，如果最近几年的经历是在甲方，就不要再给我们推荐了。那这些从甲方出来的人怎么办呢？可以去项目管理公司，行话也称二甲方，全流程代建公司。

项目管理公司是受甲方委托代为进行全流程跟进管理的第三方服务机构，如果你曾在甲方服务过，那么进入这样的公司不失为一个非常好的选择。工作内容和职责与甲方一致，可以做到无缝衔接。而且，这样的公司对年龄更为宽容，如果能找到稳定的大平台，也可以稳定地干到退休。

但是，这样的机构也有弊端，一般规模都不大，百人以上就算是大公司了。平台小、晋升空间小，薪资上涨空间也小。如果你在这样的公司做到项目经理级别，年薪20万元，大部分人会停留在这个阶段走到职业生涯的终点。如果你不甘心止步于此，那么你还可以做横向拓展。不断丰富你管理的项目类型，发展除技术外的商务能力。如果你技术实力过硬，又具备丰富的商务资源，能为公司带来更多的订单，那么你就有机会晋升成为合伙人或者副总级别，你的收入还会再上一个台阶。

　　要提醒大家的是，鱼与熊掌不可兼得，你选择了该路径，意味着你自动放弃了第一条途径，你在甲方干到了工程总，你被甲方淘汰了，你说我去施工方应聘工程总，基本没戏。如果你的职业目标是深耕技术，想在乙方做到工程总，那你就必须始终服务在技术一线，有多年一线工程管理经验的沉淀，才能做到乙方的集团工程总。而甲方的工作性质更偏运营管理、沟通协调，技术在其中的比重很小，甲方的工程总和乙方的工程总，虽然头衔一样，但是就工作内容来说，是完全不同的职务。

　　也有一些人会选择去咨询或者监理公司，但是不建议土木工程专业毕业就去这样的公司。咨询公司属于第三方服务机构，而监理处于工程产业链的最下游，进入这样的企业，起点低、薪资低，发展空间低。如果你以这些企业作为起点的，未来的选择方向既可以继续在行业坚持，也可以选择去甲方。不过，去甲方存在的问题依旧是竞争激烈。

🔧　职业起点：设计院结构设计

🔧　职业路径：结构设计→结构专业负责人→结构总工→
　　　　　　　院总工/院长

　　这是一条比较适合女性发展的职业路径，好多土木毕业的女生，不想下工地，那么就去设计院。关于在设计行业的职业发展，请参考结构工程的职业发展路径。

案例
1

孙工是普通院校研究生学历，土木工程专业，毕业后进入大型央企，从事施工员工作，5年时间做到了工程部长，之后选择去了房地产公司，刚开始是工程经理，后来晋升为工程总监，年薪40万元。

点评

孙工的学历比较有优势，所以刚毕业的时候有机会进入大型央企，但是他在大型央企只是做到了项目上的工程部长，就跳槽去了甲方。也就是说，他的增值期积累不够就跳槽了，所以进入甲方的职级和未来的晋升空间都不太大，这也直接导致他的收入同比其他甲方同类型的岗位偏低。

案例
2

柯工的第一学历是中专，专业是工业与民用建筑，之后又进修了大专和本科学历，不过都是在职进修，含金量并不高。中专毕业时，柯工进入了一家地方国企从事施工员工作，在这家公司工作了5年，做到了生产经理并且考取了一级建造师证书。此后，跳转去了央企，在央企工作9年，由施工员一直做到了项目经理。之后，通过猎头选择去了一家小型地产公司，在这家公司仅一年多时间，就又选择去了一家大型地产公司，由工程经理一直做到了项目总经理，年薪60万元。

点评

柯工的学历背景可以说很差，之所以能逆袭，拿到60万元年薪，主要在于走对了以下几步：（1）毕业先进了地方国企，干了5年时间，完成了成长期，并且进入了增值期；（2）然后跳转去了更大的平台，虽然职务没有晋升，但是符合学历低就要通过大平台给自己积累职场资本的原则；（3）前后两家国企和央企，都干的时间足够久，且在其中职务多次晋升，说明稳定度高，且工作表现优异；（4）柯工的几次转岗都遵循了平台优先原则。柯工的学历低、起点低，学历不够，能力来凑。柯工恰是掌握了这点，从而最终迎来了职场变现期。

案例3

周工毕业于一所普通本科院校土木工程专业，毕业后先是进了当地一家国有设计院，从事结构设计工作，3年后周工去了一家央企施工企业，在这家央企工作了8年，期间考取了一级建造师证书，评了高级职称，职务也从施工员一直做到了项目经理。之后，就选择进入了房地产行业。周工先后经历了4家房地产公司，职务从工程经理做到了工程总监，后来年龄大了，就选择去了当地一家项目管理公司，从项目负责人做起，目前是该项目管理公司的CEO，享有股权分红，年收入约70万元。

点评

周工毕业院校普通，但是他前面两家公司的平台不错，分别是国企和央企，且在央企做到了项目经理。败笔是进入房地产行业后，跳槽过于频繁，这也导致他在房地产行业的晋升受到了影响，最后不得不提前退出了房地产行业，选择了项目管理公司。但是，他之前在甲方的经历也为他积累了商务资源和商务经验，所以他最终能够成为项目管理公司的CEO，收入也得到了再次提升。

第三节 工程管理专业常见发展路径

✂ 就业最佳切入点：大型总包公司

✂ 最佳职务：施工员/商务专员

✂ 晋升路径：施工员（1~3年）→工程部长（3年）→项目经理→集团工程总商务专员（1~3年）→商务经理（3年）→集团经营部经理→集团经营副总

　　工程管理是一门综合学科，所以这个专业的学生出来后，就业方向也比较多，但最常见也是最适合发展的，我归纳了以上两条职业路径。如果你是以施工员作为切入点，那么未来的职业发展方向就是管理；如果你是以商务作为切入点，那么未来的发展方向是经营。以上两条职业发展路径，在土木工程和工程造价专业里均有阐述，此处就不再过多介绍了。

　　可能大家很迷惑，工程管理的发展方向跟土木和造价怎么这么趋同？是的，因为这个专业是一门综合学科，既要学管理，又要学造价，还要学合同，可以说这门学科的设定本来就是为了培养复合全能型人才的。但是，理想很丰满，现实很骨感，工程行业是一个需要技术打底才能做好管理的行业，所以即便你读的是工程管理，毕业后你依旧需要先去一线沉淀技术，才能往上晋升管理。所以，最后还是回归到一线，以技术作为切入口。

⚒ 职业起点：甲方工程管理岗

⚒ 晋升路径：土建工程师→工程部长/经理→项目总→集团工程总

也有很多工程管理专业选择一毕业就进入了甲方发展，因为这个专业本身就偏综合管理，还是比较适合去甲方的。成长期一般就是项目上的基础岗，主要工作内容就是对接下游总包施工方的技术人员，监督他们按时保质保量完成工期，工作难度不在于技术做得怎么样，而是你的沟通协调能力是否到位。三五年之后，你可以晋升到工程部长或者叫工程经理，这标志着你进入了增值期。这个岗位虽然也是管理下游总包，但是对接的对象也随之升级，对技术和管理能力要求更高。这个阶段过渡得好，才能迎来变现期，如果你能晋升为整个项目的负责人，意味着你迎来了变现期。

项目总是项目上的最高管理者，一般人发展到这里就触及了职业天花板。而且，甲方淘汰率很高，有的人到了项目总位置上很难再升，那么到了一定年龄就会被淘汰，尤其是40岁被甲方淘汰下来的人，唯一的选择是去监理或者咨询公司，几乎不可能去施工。与一些早期从施工做起，后来去了甲方的人不一样，那些人还有一定概率可以重回施工，因为他们有曾经在一线沉淀的技术底子。但是，一毕业就进甲方的人，没有技术一线的实操经历，再加上年龄又大了，根本就进不了施工，所以只能选择监理或咨询公司。

也有少部分幸运儿，在这个阶段持续给自己增值，再次迎来晋升，就是集团工程总。项目总和集团工程总的区别是，项目总是单项目管理，集团工程总是做多项目管理的。这是核心管理层岗位，一般不会频繁更换。所以，你在一家公司沉淀，晋升到集团工程总岗位的几率非常小，除非你上面的工程总年龄很大了，立刻面临退休；或者被挖走了，你才有机会。

我们还有另外一种办法可以晋升到集团工程总，那就是通过跳槽。当你在原单位项目总岗位上，不断做横向拓展积累，管理的项目规模越来越大，具备丰富的解决问题的经验和能力，你就可以跳转去小一点的公司挑战集团工程总。集团工程总是核心高管，所以收入会有大幅跃升，年总收入在几百万元到上千万元不等。

　✂　职业起点：咨询公司

　✂　职务：造价员

　✂　晋升路径：造价员→造价工程师→项目负责人→合伙人

如果是女生，我觉得去咨询公司也是一个不错的选择。从造价员到造价工程师再到项目负责人，这个发展过程大概需要10年左右的时间。由于咨询公司是建筑行业的第三方服务公司，所以几乎不用驻工地，只需要做好服务就好了。这是比较适合女性发展的一条职业路径。但是也有弊端，就是薪资低、职业天花板低。关于咨询公司的发展，详情参考工程造价常见职业发展路径篇，此处不再赘述。

　　工程管理专业是一门偏综合类学科，有四个职业切入口，分别是总包施工、总包商务、甲方工程管理和咨询公司造价。事实上，还有一个是监理公司，总共是五个职业切入口，最好的切入口是大型总包公司。除此之外，其他几个职业切入口都有利有弊，大家可以结合个人的职业目标去做选择。无论做出哪种选择，首先意味着放弃了其他路径的可能性。你不能说，我既想要总包的发展空间，又不想经历项目一线的漂泊不定。既想要咨询公司的稳定，又想要获得高薪，那是不可能的。

案例1

沈工，统招大专，工程管理专业，毕业后劳务派遣去了央企，职务是技术员，3年后从央企转岗，去了本地一家私企总包公司。在该私企总包工作12年，考取了一级建造师证书，评了高级职称，刚过去的时候是项目技术部长，3年后晋升为项目经理，4年后晋升为集团的工程经理，又3年后晋升为工程副总，年薪45万元。

点评

（1）沈工没有学历优势，所以毕业后通过劳务派遣先去了央企，虽然央企3年一直是技术员，职务并未得到晋升，但是为他下一步跳槽大型私企打下了基础；（2）在一家私企工作12年，稳扎稳打，从项目上一路做到集团工程副总，除了沈工自身技术实力足够强大之外，还有他的忠诚度，尤其是后者极为难得。现在，能真正践行长期主义的人太少了，所以学历出身并不好的沈工才能在其中脱颖而出。

案例
2

江工，普通二本，工程管理专业，毕业后先是通过校招进入了地方国企，职务是技术员，在地方国企工作3年后选择去了房地产行业，在房地产行业工作至今，经历过3家地产公司。但是，前面两家均是头部地产公司，职务是工程经理；最后一家是小型地产公司，职务是集团总工，年薪百万。

点评

江工毕业院校一般，毕业的第一家公司的起点也一般。但是，他在施工行业工作仅3年后，就跳转去了房地产行业。前面两家地产公司平台比较好，所以他才能后面顺利进入小型地产公司晋升为集团总工。江工的职业路径变现方式，就是先进大平台度过增值期，然后进入小平台挑战更高职务。

案例
3

林工，统招大专，工程管理，注册监理工程师，一级建造师，毕业后进入当地一家国企下属的监理公司，6年时间做到了总监代表，之后去了一家施工分包企业，由于平台较小，林工有机会参与更多的工作内容，由基础的施工管理到招投标、合同等商务工作均有涉猎，3年后去了另外一家私企施工企业，从商务经理做到公司的经营副总，年薪30万元。

点评

林工毕业院校一般，毕业后进入职场的起点又比较低，最后能做到私企的经营副总，年收入30万元，对他来说，也是迎来变现期了。林工在监理行业工作6年后果断转入了施工，且在施工企业工作期间，抓紧时间参与更多的工作内容，也就是增值期的积累比较好，所以才能最终迎来变现期。

案例
4

聂工，一本院校，工程管理专业，注册造价师，毕业后进入大型央企，职务是商务专员，3年时间晋升为商务经理。在该大型央企工作7年后，晋升为其他子公司的分公司商务部负责人。在该职务上工作5年，后经过猎头介绍去了大型总包私企，职务是经营副总，年薪70万元。

点评

（1）聂工毕业院校较好，成长期的起步平台也好；（2）在一家公司完成了成长期和增值期；（3）聂工的变现期遵循了去低量级平台挑战高量级职务的规律。

第十四章

战略性跳槽规划

人生一世，总有些片段，当时看着无关紧要，而事实上却牵动了大局。

——萨克雷

第一节

什么是战略性跳槽？

对于大多数人来说，职业发展是通过岗位锻炼、内部提职、转岗等环节一步步走向人生的价值高位，但部分人是通过人才市场跳转到理想的岗位。

战略性跳槽就是指为了达成既定的职业目标，围绕跳槽而做的一系列规划，包含评估诊断、优劣势分析、制定目标、跳槽四个步骤。这种跳槽由于事先经过了规划，目标明确，一旦有适合的机会，就毫不犹豫地上；如果没有，也不着急，等待时机。当

我们抱着这样的心态时，反倒使自己最大限度地掌握了跳槽的主动权。

跳槽是有风险的，跳错是要付出代价的，所以每个人都需要掌握战略性跳槽的技巧。跳槽分为主动跳槽和被动跳槽。主动跳槽是指为了实现更好的职业发展而主动选择跳槽；被动跳槽是指公司发生了裁员、降薪等外力因素导致的不得不跳槽；而战略性跳槽一定是主动跳槽。如果你现在处于离职状态，或者是即将被公司裁员，或者是已经很久没有发工资，那么你是不适用战略性跳槽的，因为此时的你，并没有选择权。此处，提醒大家千万慎重裸辞，裸辞的意思是在没有找到新工作的前提下就先辞去了现在的工作，这是非常冒险的一种行为。

战略性跳槽的目的是实现自己制定的职业目标，为了达成最终的职业目标，我们过程中还会有策略性走下坡路的现象。规划的路径大部分是走直线，但是也不排除有曲线救国的情况。如果不能理解这一点，总是要求每次跳槽都必须有涨薪、有升职，否则我跳槽干什么？那就大错特错了，意识决定行为。所以，做战略性跳槽规划前，先摆正心态很重要。

战略性跳槽要求提前规划，越是高层岗位越要更早提前，如果你是基层员工，可能提前三个月看机会就够了；如果你是企业中层管理人员，你可能需要最少提前半年；如果你是企业高管，那你需要最少提前一年；如果你是大型集团公司的CEO、副总裁级别的，那你要提前三年。为什么层级越高提前时间越早呢？高管跳槽，我把他形容为好女也愁嫁，因为层级越高，越是处于金字塔的上游，市场上提供的机会也就越少。这就好比，越优秀的女人反倒越不容易嫁出去是一个道理。

战略性跳槽是有"预谋"、有策略、有技巧的跳槽，不仅要看到这次跳槽能在当下产生什么样的影响，还要预估对未来的下一次跳槽能产生什么样的影响。如果跳槽会为未来埋下隐患，那么无论公司开出多么优渥的条件都不能动心。如果跳槽可以助力下一步的职业发展，那么即便当前开出的条件不甚理想，我也会毫不犹豫选择。

你能看到多少年，你就能规划多少年，有的人眼界只能看到当前，这样的人就只会根据当下的感受做选择，所以总是选错。有的人眼界能看到三五年，那么他每次跳槽做选择的时候，就不仅会考虑这次跳槽能立刻带来什么，还会评估三五年后能带来什么。

直播间经常有工程师问我，如何能找到离家近的工作？如何能跳槽去甲方？即便我告诉他，你选择离家近的工作，若干年后可能会后悔；你选择去甲方，若干年后可能会面临失业。但是，并不管用，他们将信将疑，或者干脆就是先进到这样的公司再说。如果你总是习惯性地根据当下的感受去做选择，那么你不适合做战略性跳槽规划。战略性跳槽规划一定是基于理性的跳槽选择。

总而言之，战略性跳槽规划是基于未来的跳槽，而不是基于眼前的需要；是理性评估之后的选择，而不是感性化的产物；是提前未雨绸缪，而不是雨来才撑伞。愿每位建筑人都能通过跳槽，实现更好的职业发展。

你的职业目标是什么？

战略性跳槽规划既然是围绕职业目标的，那么首先就要确定一个职业目标。此处的职业目标，是一个长期的职业目标，最少10年期不变的目标。也就是说，我打算用10年时间达到一个什么样的职业成就。当然，如果你具备非常强的战略眼光，你甚至可以制定一个20年的职业目标。你能制定多远的职业目标，完全取决于你自己的眼光有多长远。

好多人找我做咨询，说老师你帮我做一下职业规划吧。我问他你的职业目标是什么，他说不知道，从来没有想过这个问题。你都不知道自己想去往哪里，却要我给你规划路径，我怎么规划呢？地图导航软件都无法做到吧！所以，做规划之前，先要确定职业目标。

好多人说，我不知道该如何确定职业目标，此处，给大家一个简单实用的方法——对标法。观察你身边混得特别好的人，哪个人的状态是你特别羡慕的，那个人当前的职业状态就是你未来的职业目标。选择对标人物的时候，有几个条件：（1）必须是你所在领域的；（2）必须是该领域的前辈；（3）你要知道你羡慕他的地方是什么。

假如你是土木工程专业的，那你的对标人物最好也是土木工程专业毕业，但是后来混得特别好的。既然是已经成为既定事实的，那么这个人必然是你的前辈。你不能找同一起跑线的同学去做比较,那就不是制定职业目标,而是陷入盲目攀比了。当你找到这样的对标人物的时候,你还要想清楚,你羡慕他的地方是什么?这个非常重要。

我觉得,制定职业目标,是要寻找一种自己满意的职业状态,而不是说我羡慕他薪资高,我羡慕他拥有权利等。有的人,你初次接触,可能羡慕的是他薪资高,可以住别墅开豪车,出行头等舱,但是当你了解他因为工作忙碌最后导致家庭破裂妻离子散之后,你还羡慕他吗?所以,找到对标人物之后,你需要深度思考一下,别净羡慕他人前风光的一面,还要看到他背后辛酸的那一面。综合评估后,你觉得你还是希望成为他,那么这个人的发展方向就是未来的职业目标。

有一位土木毕业的学生,非常羡慕他家族的一位长辈,这位长辈是干工程的,他也是因为跟这位长辈交流,在他的建议下选择了土木工程专业。但是就业后,他才发现原来这个行业这么累,他跟我抱怨说,早知道这个行业这么苦,我就不选择这个专业了。我问他,想想你当初进入这个行业的原因,你羡慕那位长辈什么?他说,挣得多,而且动辄都是管理上亿的工程,感觉好威风。我说,假如现在给你这样的薪资,给你这么大的项目让你管理,你还会抱怨累吗?他说肯定不会呀。我说,那么此刻开始,就把这个作为你未来的职业目标吧!

你之所以抱怨当下,是因为你不知道未来的回报是什么。当你知道你现在坚持的所有苦,将来的某一天都会给你带来巨大的回报,相信你坚持下去的动力就会强很多,所以每个人都要先制定一个职业目标，然后围绕职业目标再去做职业规划，按照职业规划去走每一步，那么每一步就都有了意义。

如果你实在找不到对标人物，请参考前几章节，找到对应的专业去挑适合自己的职业发展路径。那里面几乎按专业囊括了大部分常见的职业发展路径，并且归纳了最佳发展路径。

评估诊断一：你处于职业生涯哪个阶段？

当你确定了自己的职业目标，你接下来要做的第一步就是自我评估，你处于职业生涯哪个阶段呢？（如果你是刚毕业的学生，请忽略此章。）当你处于成长期，成长期的求职选择策略，请参考成长期规划章节。如果你已经参加工作3年以上了，那你就有必要好好思考一下，你到底处在哪个阶段。

经常有人在直播间问，增值期是什么年龄段？变现期是什么年龄段？年龄固然是一个非常重要的考量因素，我在建筑人的职业规划概述章节也介绍过，但年龄不是唯一的考量因素，不是你年龄到了自然就进入了这个阶段了。有的人一辈子都在成长期趴着，根本就没有进入增值期，比如那些在施工员、测量员、资料员等基层岗位上一干就是一辈子的人；还有的人进入增值期了，但是挑战失败，没有迎来变现期。比如，曾经做过项目经理，但是由于承受不了项目经理的压力，又倒退回去做原来岗位的人；还有的人迎来了变现期，但是经不住诱惑频繁跳槽，结果提前进入了衰退期。下面我们就职业生涯五阶段的特征分别阐述一下，以便于大家评估自己处于哪个阶段。

成长期特征：（1）进入职场的第一份工作；（2）职务没有变化；（3）工作内容没有变化。也许有人会说，我虽然工作10年了，干的还是同一份工作，但是中间跳过几次槽，薪资也涨了，我这还处于成长期吗？不好意思，你确实还处于成长期。虽然你薪资涨了，那可能是因为货币贬值了，5年前你拿5000元薪资，和5年后你拿6000元薪资，购买力是一样的，所以事实上你还在原地踏步。为什么薪资涨幅不大呢？因为工作内容没有变化，创造的价值没有变化，薪资怎么可能会有大幅增长？

还有些人说，我虽然职务没有变化，但是工作内容变化很大，之前只负责施工，后来领导又让我做造价，还兼招投标，一人多能，啥活都能干，我还处于成长期吗？恭喜你，你已经进入增值期，升职加薪指日可待。那么，进入增值期的特征有哪些呢？

增值期特征：（1）轮岗；（2）晋升；（3）工作内容的变化。以上三个特征符合一点都代表你正处于增值期。我们之前说，增值期择业是职务优先，只有职务的变化才能带来工作内容的变化，不同工作职责锻炼相对应的不同的工作能力。有人说，我这些年一直在轮岗，也有所晋升，但是为什么薪资涨幅不大呢？因为你的增值期过渡得不好，领导给你安排了很多工作，你是做了，但是做了跟做好是两回事儿。如果薪资涨幅很大，能达到你的预期，不就进入变现期了么。

机会来了抓不住一样是白搭，如果你能意识到你正处于增值期，抓住机会先好好提升自己的能力，而不是事事都想跟领导谈条件，条件谈不拢就消极怠工，对于领导安排的额外工作敷衍塞责。若以这样的态度对待工作，那就活该一直在增值期趴着吧，永远也迎不来变现期。

可能很多人会疑惑，那增值期什么时候是个头呢？增值期中后期跟变现期已经很接近了，领导开始承诺升职加薪，也有外部的企业或猎头频繁找你，什么时候我可以考虑跳槽了呢？我具备变现期的资格了吗？此处有一个重要的特征帮你区别，那就是那些频繁来找你的猎头和企业，给你提供的薪资和职务让你感觉有大幅跃升吗？如果是职务不变，薪资有涨幅，这种情况一定不能去，说明你还需要继续沉淀一下。如果你的能力到了，你的职务和薪资应该是同比例上升的，而且是一个大幅跃升。

有的企业来挖你，只是因为你在当前岗位上干得比较出色，他们也恰巧需要同岗位经验丰富的人，所以愿意支付高一点的薪水让你过去，这不是变现期。所以，这个时候是不建议跳槽的。如果你经不住诱惑而跳槽，那么你损失的将是现在单位给你提供的成长机会，你人为提前中断了自己的增值期。

当然，你也可以说我到新的单位还可以继续增值期呀！但是，新单位是为了用你还是培养你，还是个未知数。万一只是为了某个紧急项目而挖你，项目结束立刻辞退呢？你就在自己的职业生涯中添了一个败笔。我之前一直说频繁跳槽对自己不利，跳槽是有风险的。如果连续来几次败笔，你这辈子都别想迎来变现期了，你将终其一生在现有职级和薪资圈内打转，这就是很多职场人面临的所谓瓶颈期。一辈子突破不了这个怪圈，所以，跳槽需谨慎。

评估诊断二：你处于职业生涯哪个阶段？

　　变现期特征：（1）职务跃迁；（2）薪资跃迁；（3）你不愁找不到工作。以上三个特征全部符合标志着你已经进入了变现期。之所以有职务和薪资的大幅跃迁，是因为你不愁找不到工作。如果你手里捏着一堆offer待选择，你就具备了跟单位谈判的筹码，为了吸引优秀人才的加盟，这些企业就要提供更好的职务和薪资来吸引你。

　　我们猎头界有句俗语：猎头是为不缺工作的人找工作。所以我对变现期人才的特征感受是最深刻的。如果你经常接到猎头的电话，并且提供了非常有诱惑力的职务和薪资，也意味着你正处于变现期。就好像一位大美女，身边追求者如云，自然是不愁嫁得如意郎君。

　　但是，也要区分一种情况，那就是虽然有一堆offer，依旧找不到工作的情况，这就是高不成低不就。遇到总是高不成低不就的情况，你就要再次评估一下，你真的到变现期了吗？也许你只是过高估计了自己，能力匹配不上野心，你需要退守原岗位继续沉淀，而不是急于跳槽。

维持期特征：（1）40岁以上；（2）不愁找不到同职务同薪资的工作。有的人处于变现期，面临众多诱惑，会忍不住频繁跳槽，这样做的后果就是职业生涯提前进入衰退期。如果你40多岁跳槽的时候，发现依旧有众多不错的选择，职务和薪资均能维持在原来的水平，恭喜你，你成功延续了变现期高光时刻，也即处于维持期。职场中还有一些牛人，50多岁了，依旧还在高管岗位上，薪资也不低。这都属于维持期规划得非常好的人，所以才能使变现期无限延长，他们的职业花期很长久。

如果你才刚40岁，甚至还不到40岁，跳槽的时候发现，给你下offer的企业一家不如一家，薪资一路下滑，那你就要小心了，你可能提前进入了职业衰退期。这就是我接下来要介绍的最后一个生涯阶段，衰退期。

衰退期特征：（1）职务薪资大幅下滑；（2）50岁以上。衰退期又分非正常衰退期和正常衰退期。有的人年龄不到40岁，但是符合第一条特征，就标志着你进入了衰退期，这是非正常状态衰退期。出现这种情况，一般都是频繁跳槽造成的。有的人50岁以上了，不管你是否还在企业担任重要职务，也不管你的薪资是否依旧维持最高水平，你都进入了衰退期，这个是正常衰退期，就像人的生老病死一样。一般而言，这样的人退休后也会被返聘，或者被其他单位聘用。如果你进入非正常衰退期，那么你就要反思了，你的职业生涯存在哪些问题。只有先意识到自己的问题在哪里，才能着手进行改善。

　　至此，五阶段的特征我们就分析完了，你可以对照这些特征来评估一下，你符合哪些条件，你处于哪个职业生涯阶段。这个评估很重要，这是进行战略性跳槽规划的第一步。既然要做规划，最起码得知道你的起点在哪里，而评估诊断现状，就是在帮你定位起点。只有这个起点定位准了，我们才能规划下一步。

第五节   优劣势分析：核心竞争力三要素模型

一、核心竞争力三要素模型

做完评估诊断，我们确定了自己当前的职业起点，**那我们就要开始进行优劣势分析了，这是战略性跳槽规划的第二个步骤**。《孙子兵法》谋攻篇有云：知己知彼，才能百战不殆。优劣势分析就是"知己"的过程。首先，我们要明确分析哪些要素，此处给大家提供一个模型，叫做核心竞争力三要素模型，包含哪三个要素呢？学历、能力、平台。

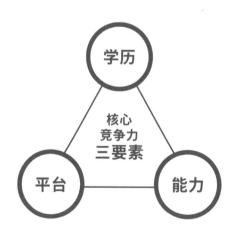

直播间经常有人问，学历重要还是能力重要？我觉得都重要。学历、能力和平台三个要素相辅相成，体现出来的就是你的综合实

力，即你在职场的竞争力。没有过硬的学历背景，你很难进入好平台；没有好平台，你很难提升能力。反之，如果你能力够强，哪怕学历稍差点，照样能找到好工作。如果你过往经历的都是大平台，说明你的学历和能力都不差，否则大平台不要你。

　　学历包含学校和专业，能力包含职务、业绩，平台包含规模、业内影响力。此处，我所定义的三个要素包含的二级要素，仅是从职业规划的角度归纳总结出来的：可明确定义的要素。目的是让大家进行自我职业规划时有明确的可参考指标。如果你非要抬杠说，能力怎么会只包含职务和业绩呢？沟通能力、管理能力、规划能力这些都不是能力吗？平台怎么会只包含规模和业内影响力呢？品牌、产值这些指标也是可以参考的呀？这些要素虽然也都重要，但是我们不是做学术讨论的，是来解决问题的。所以，我把它简化为大家都一目了然且可以自行进行衡量的要素指标，目的是方便大家自己给自己做职业规划。

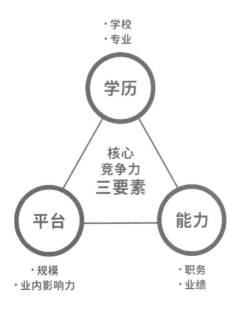

二、三要素解析

学历包含学校和专业，在建筑行业比较强的院校，有16所，被称为建筑新老八校。除了这16所院校，其次就是985、211、双一流大学、一本。以上这些学校的学生根本不愁就业，他们愁的是手捏一把offer该如何选择。除了以上这些学校，在不同行业又有对口的院校。在一些特定行业中，这些学校的某些专业领先于其他院校，那么这些学校的学生就业就具备了很强的优势。

比如，石家庄铁道大学是中铁、中铁建及所有铁路相关领域的对口院校；再比如，河北建筑工程学院是河北当地最有影响力的建筑院校；郑州轻工业学院，他们的暖通和电气专业也比较强。各个省份都有这些在建筑圈子比较有影响力的学校，我就不一一列举了。这些学校好多可能仅是二本院校，但是依然有很多大型国央企过去进行校招。如果你能选择进入这些学校，就业也几乎没有问题。

值得注意的是，如果你毕业于二本院校，所学是其特色专业，但是你毕业后没有选择从事本专业，那么就失去了院校优势。二本院校背景在整个人才就业市场上，竞争力是比较弱的。所以，毕业后的第一份工作非常重要，决定了你一生的发展基础。

能力包含职务和业绩，职务代表你做了什么，而业绩代表你做得怎么样。如果你不具备相应的能力，你不会做到那个职务。即便做到那个职务，你没有能拿得出手的业绩代表你做得不怎么样。你还需要一项项抽丝剥茧，去分析他的沟通能力如何、管理能力如何；他的哪些能力是强项，哪些能力是弱项。所以，我们就归纳出两个最有代表性的指标：职务和业绩。两项均有优势，就说明你能力不错。

分辨在该职务上做得怎么样还有一个标准，就是在该职务上干了多久。有些人刚一晋升到主管位置上就想跳槽，这是错误的做法。你至少要在一个职务上干到三年以上，才能证明你能胜任该职务。比如，你刚晋升项目经理不足一年，跳槽时，我对你能力的评估是默认你的水平在项目经理之下。

平台包含规模和业内影响力。有的平台规模很大但是业内影响力不够，比如一些动辄一两千人的地方国企，规模是有了，但是要说他们在行业内的影响力，有的还比不上私企；**有的平台规模小但是业内影响力很大，**比如一些明星事务所、外资设计事务所，他们有的只有二三十人规模，但是因为只做精品项目，只服务于几家头部业主，在行业内的影响力很大。规模大又具备行业影响力的平台是最优选。如果只能择其一，那先选有行业影响力的，再退而求其次才选规模大的。

第六节　结合优劣势，制定岗位目标一

　　这是战略性跳槽规划的第三个步骤。当我们进行完优劣势分析之后，紧接着要做的就是结合优劣势，制定岗位目标。优劣势分析一级要素有三个，分别是学历、能力、平台；二级要素有六个，分别是学校和专业、职务和业绩、规模和行业影响力。那接下来我们就围绕这6个要素来逐一解析一下职场常见职业状态，以及各种职业状态下又该如何跳槽。我先来讲讲学历背景优秀的情况下如何跳槽。

👤 职业状态一

　　如果你学历背景优秀（我们把一本以上学校默认为学历优秀）、平台优秀（大型央企），职业起点在成长期，但是你在同一家公司工作至少5年以上了，却还在从事着跟当初入职时一样的工作，而且经过多次跟领导沟通，没有希望晋升轮岗，那你下一步的岗位目标是：能提供晋升通道的同量级平台，或者是次一级平台但是职务有所晋升。

　　学历是你的优势，所以从这家优秀平台离开，还可以找其他优秀平台。但是，必须是承诺会有晋升空间的，或者是入职时职务方面会有所提升的。其次，去次一级平台挑战一下更高职务也是有可能的，比如你在上一家公司是施工员，去次一级公司做个工程部长也是有可能的。增值期转岗是职务优先原则，所

以你要找的是能给你提供和之前不同的工作内容、更有挑战性的平台。

👤 职业状态二

如果你学历背景优秀、平台优秀，职业起点在增值期，而且，你没有跳过槽，也就是说你入职的第一家公司在重点培养你，所以你顺利进入了增值期。恭喜你，迄今为止，你的职业路径堪称完美。你只需要按部就班地去发展即可。假如你能在当前公司晋升到中层管理，比如一些一线的技术骨干，你就有可能面临着职场瓶颈。因为优秀平台人才济济，由于你的优秀学历，你在由职场小白到中层管理的晋升会比较顺利，但是想再往上突破一下就会比较困难。此时，可以考虑转岗了。

你的下一次岗位目标是次一级平台的更高职务。学历优秀、平台优秀，你唯一欠缺的地方就是能力的证明了。更确切地说，就是能拿得出手的四库一平台业绩。可能你会说，做到一线的技术骨干，没有机会积累业绩吗？是的。优秀平台人才济济，根本无需在你的名下去挂业绩，所以虽然你做了很多业绩，但是都挂在领导名下了。

而进入次一级平台，由于学历光环和平台光环，就有机会成为他们的核心高管。职务晋升的同时必然薪酬也会带来增长，也即你迎来了变现期。核心高管便于你去积累四库一平台业绩，从而又可以助力你的下一步职业发展。

👤 职业状态三

如果你学历优秀、平台一般（规模大和行业影响力仅只符合其中一条），职业起点在成长期。如果是这样的情况，你要分析这家公司能给你提供进入增值期的机会吗。一般来讲，一个学历背景优秀的人进入到平台一般的企业，会比较容易受重用，公司会给你提供各种轮岗和晋升的机会。如果可以提供，那你可以抓紧时机在这样的公司完成增值期，也即能力这个要素的提升，体现的是职务能不断地获得晋升，同时有担任大型业绩主持人的机会。

如果平台一般，但是还不能提供发展机会，那你就要跳槽了。岗位目标有同量级平台，但是愿意给你提供更多发展机会的；还有更高平台，职级不变，薪资福利有所提升的，但是优先选择前者。因为你的优势是学历，劣势是平台和能力，所以要么选大平台，要么选能给你锻炼能力的机会的。而大平台人才济济，锻炼的机会反倒不如小一点的平台，而且增值期转岗也是职务优先原则，所以如果是同量级平台，但职务有所变化的是首选。

👤 职业状态四

如果你学历背景优秀、平台一般，职业起点在增值期。你在这家公司已经在职务上有所晋升，并且在新职务上工作最少有3年了。或者说，全流程干完最少一个项目了，那你下一步的岗位目标首选优秀平台（指规模和行业影响力都具备）的同量级岗位。可能你会说，你不是说增值期转岗是职务优先吗？是的，但是有时我们需要曲线救国。你要是能找到优秀平台的更高职务，那当然是最好的，但是这种几率微乎其微。所以，退而求其次，我们去优秀平台的同量级岗位还是有很大希望的。

举个例子，你在地方国企干到了项目总工，由于你在项目总工岗位上有丰富的经验，这时候你就有机会转岗去央企担任项目总工，但是你想去央企担任项目经理，那就不太可能。当然，还有一种可能是你在地方国企干到项目总工，跳槽去央企只能是项目工程部长，就是没升职，反倒降职了，这种情况可以去吗？要区分你分配的这个项目的规模。你原来在国企，担任项目总工的最大工地是10万平方米，你去央企，担任规模20万平方米的工程部长，这就是可以去的。职务只是一个称呼，要关注的是实际的工作职责，你能有机会参与越来越大的项目，你的能力就会不断提升，自身价值也会得到提升。

当你的学历有优势、平台一般的时候，而你又已经在增值期走了一段时间了，这时就要想办法重新进大平台。实际上你本来有机会在一毕业就进优秀平台的，可能是毕业时没有想那么多，从而导致你走了几年弯路。所以，为啥成长期要平台优先呢？因为这个阶段的岗位目标是平台优先、选优秀平台（规模和行业影响力都具备）。

职业状态五

如果你学历优秀、平台一般、能力优秀（职务和业绩都具备），虽然平台一般，但是你在其中属于佼佼者，一路由基层员工做到了高层。恭喜你，你已进入了变现期！这时，就会有各种猎头给你打电话，想挖你去对标公司，他们看重的就是你名下的业绩。这时的选择就是薪酬优先原则，但是由于你之前的平台一般，所以如果想在职业上有更高的发展，你就必须要把平台因素考虑进去。因此，这个阶段的岗位目标优先考虑薪酬高的优秀平台，其次是薪酬高的同量级平台，最后是薪酬高的小平台。低薪的优秀平台，淘汰。

结合优劣势，制定岗位目标二

　　上一部分，我们重点讲了学历背景优秀的人才在各种职业状态下如何跳槽；这一部分，我们讲讲学历背景一般的人才该如何制定岗位目标。学历背景一般特指统招大专以上，一本以下的学历人群。根据核心竞争力三要素——学历、能力、平台，你的履历中至少有一到两项是拿得出手的，求职的时候才有竞争力。学历不够，那就能力来凑。

🧑 职业状态一

学历一般、平台优秀，为职业起点成长期。学历一般的人，按照正常逻辑是进不了大平台的，但是凡事有例外，一些大企业也会去二本院校甚至大专院校进行招聘。而这些学校就属于我之前讲过的，他们的某些建筑相关专业优于其他院校，所以虽然学校一般，但是这些强专业的学生依旧有机会进入优秀平台。

如果你是这样的幸运儿，进入了这样的平台，一定要珍惜这样的机会，至少5年内不能跳槽。也许你会说，公司不给我锻炼的机会，5年一直在干一件工作，无法进入增值期，这样也要坚持吗？对，也要坚持。学历、能力、平台，你必须至少有一样能拿得出手的，现在有机会进入优秀平台，那你一定要坚持。这是在为你积攒职场资本的，助力你的下一次转岗。

5年后，你的岗位目标是同量级优秀平台同职务，但是有晋升空间的，以及次一量级平台高一级职务的。此处所说的次一级平台，指规模和行业影响力具备其一，而非完全不加选择的小平台。因为学历背景一般，即使靠校招进入优秀平台，好多都是劳务派遣，劳务派遣人员在优秀平台是没有晋升通道的。但是，如果你在优秀平台沉淀5年以上，你就有机会转岗去同量级平台同职务成为他的正式员工，自然也就有了晋升的机会。而次一量级平台，要么规模大，要么有行业影响力，由于你之前优秀平台的经历，同样可以有机会进入这样的平台。但是，职务会得到一定程度的晋升，从而顺利进入增值期。

对了，再补充一句，即便在第一家公司是劳务派遣，没有晋升通道，你也要努力表现，比如有优秀员工、优秀标兵之类的荣誉证书，也会助力你的下一次转岗。

职业状态二

学历一般、平台优秀，为职业起点增值期。如果你正处于这样的状态，那么你一定是同批次员工中的佼佼者，请务必坚持。坚持多久呢？如果这是你的第二家公司，那你同样最少要坚持5年。如果这是你的第一家公司，那你要坚持8~10年。也许你会觉得时间太长了，还是从职业竞争力来分析。因为学历是你的弱势，我们就必须要在其他两个要素上不断努力。

平台和能力看似是两个要素，但是这两个要素密不可分。如果你的能力一般，你根本就进不了优秀平台，进去了也待不长久。但是，假如你不仅进去了，而且干了很多年，期间又多次获得升迁，你的履历就足以证明你能力的优秀。假如你在这样优秀的平台只有短期从业经历，那就起不到这样的效果。厚积薄发，这是个人成长的规律。

如果你在优秀平台完成了增值期的过渡，你将迎来变现期。还记得我说的变现期特征吗？有很多公司向你抛出了橄榄枝，职务和薪酬同时有大幅提升，这就是变现期到来的标志。如果只有薪酬有涨幅，职务没有提升，就不要去了，继续沉淀，等待机会。

你的下次岗位目标是次一级平台的高量级职务。注意是次一级平台，千万不要一下子跳槽去了一个连资质都没有的小私企。因为学历弱，在任何阶段的跳槽都必须要把平台因素考虑进去。如果这个阶段，有小私企花了几倍薪酬让你去，要不要去呢？不要去。还是那句话，学历没有优势，其他两个要素上就必须能拿得出手，不然会影响你之后的职业发展。

👤 职业状态三

学历一般、平台一般，为职业起点变现期。为啥此处是平台一般，而不是优秀平台了呢？因为学历一般的人几乎没有在优秀平台迎来变现期的机会。你就想想中字头的央企的高管，常常会有学历低于一本的吗？所以，我们在优秀平台完成成长期和增值期的过渡后，就必然要转岗去一般平台，才有机会迎来变现期。

一般平台里，我们的优势还是非常明显的。有过往优秀平台的履历，而且在优秀平台有非常深厚的积淀，再加上学历背景还算说得过去，就有了担任核心高管的机会。那么，在这样的平台上，你需要重点积累的就是业绩了。由于这样的平台也还算不错，也有承揽大型项目的资质，你又担任核心高管，这为你积累业绩提供了便利条件。

如果你能在一般平台中积累几项四库一平台大型项目业绩，这是二级要素中非常重要的一项（能力包含职务和业绩），下一次跳槽就有了更多选择。下一次岗位目标是：优秀平台的同量级职务，同量级平台的再高级职务，次一级平台的更高职务和薪酬。

因为已经处于变现期，你的职务和薪酬都非常不错，我们的目标就是尽量延续变现期。本来，你的学历背景一般，几乎没有可能成为优秀平台的高管的可能性，但是因为你有四库一平台大型项目业绩，不排除某些优秀平台急缺你这样的人才，所以你就有了进入优秀平台担任高管的机会；而且，此时你多半已经40多岁了，处于职业生涯的维持期，维持期和衰退期的选择是平台优先，何况你还能在优秀平台维持之前的职务和薪酬，所以此类平台是最优选。

进入优秀平台担任同量级岗位，这个是要靠运气的，不是每次都有这样的机会。那么，次一级选择就是同量级平台的高级职务，比如你当前所在的公司是一家大型总包特级公司，你在其中任职工程副总，那么下一次也要选择大型总包特级公司的工程总。如果说平台不如你当前公司，那么除非提供更高的职务和薪酬，否则就没有跳槽的必要。但是，不论做哪种选择，始终要记住，千万不要选小平台，学历不够，能力来凑，而平台是你能力得以施展的舞台，总是在小公司打转，你如何证明你的能力呢？

第八节　给无大学学历工程人的六个锦囊妙计

这一部分我们讲讲没有上过大学的人如何发展。因为直播期间我发现，有大量没有上过大学但是又比较有上进心的人，不管之前由于什么原因没有读大学，他们现在意识到了学历的重要性，也希望通过自己的努力能获得更好的发展，所以我觉得有必要来讲讲这部分群体该如何发展。学历不够，能力来凑，在学历这一项已经失去了机会，那么就要不断地提升能力去弥补学历的短板。

很多人在进修学历，不管是函授还是本科，首先我是支持的。但是，企业在招人的时候，有时是不认可进修学历的，只看统招第一学历。那你可能会疑惑，既然如此，我还进修学历干什么？可以考证。没有学历就无法考证，没有注册证书就更不能积累业绩，那么职业规划也就无从谈起了。**针对这部分人群，我的第一个建议是进修学历，考下注册证书**。在具备这个条件的前提下，我们来谈谈如何规划职业路径。

有注册证书的人分两类，一类是有工程经验，另一类是无工程经验。注意了，此类人群基本都只能从事施工，因为设计对基础理论的要求非常高。没有大学本科以上学历的人无法从事设计，所以这一章节所有的讨论都围绕施工领域。而考的注册证书也仅限于施工领域的证书：一级注册建造师、注册造价师、注册监理工程师。

我的第二个建议是一定要找有资质的企业，只有有资质的企业才需要注册证书，也能帮你积累业绩。尤其是无工程经验、只有证书的朋友，想入行只能先把证书注册到需要的企业，然后借机去到项目上观摩学习，哪怕是不要钱都行。万事开头难，有经验的人想找到好工作都难，何况是没有经验的呢？所以，降低预期会有助于你快速入行。先入了行，才能有后续的职业规划。

我的第三个建议是一定要在可选择的范围内选最大的那个平台。因为学历没有优势，就必须在平台和能力两个要素上下功夫。受学历限制，几乎没有进大型国企央企的机会，所以就不要好高骛远了，有机会进大型私企也是不错的选择。有很多朋友，听了我在直播间讲要平台优先，然后就辞掉了大型私企的工作，一心想进国企、央企，这是断章取义的误解。你只能去够你能力范围内能够到的最好平台，而不是直接找行业内的最优平台。

如果你不知道怎么才算是可选择范围内的最优平台，我给你建议个标准，就是看资质等级，有机会进总包特级公司就不进总包一级，能进总包一级就不去二级，能进总包二级就不去专项资质企业；依次类推，你手里可选择的平台按资质等级一排序，该去哪个就一目了然。如果你可选择的平台资质等级都一样，那就看职务了，哪个公司给你的职务更有助于你后期的成长就选哪个。最后才是看薪酬。

我的第四个建议是，一旦进入到你满意的平台，就不要轻易跳槽，最起码在这其中完成成长期和增值期的过渡。也许你的起点很低，但是你忠诚度高、踏实肯干、任劳任怨，让领导感觉他可以充分信任你，这就是你的不可替代的价值之一。一旦你能成为领导信任的人，他就会重点培养你，你就有机会进入增值期。也许你刚开始仅是以一个资料员、安全员等不起眼的职位进来的，但是干着干着，领导开始分配更多的工作给你。这意味着你的增值期开始了。

　　我的第五个建议是：你需要在增值期持续不断地做横向拓展，抓住一切机会去积累业绩。注意，此处的积累业绩非四库一平台可查的业绩，除非你运气特别好，这家公司没有高管具备注册证书，业绩才有机会放到你名下。我说的积累业绩，就是直接干项目，积极、主动地要求干一些有挑战性的项目，这些都是你以后跳槽的资本。中央电视台大楼、水立方、鸟巢这样的项目，若干年内能有几个？这些地标性的建筑项目，具有唯一性、稀缺性、不可替代性。假如你参与过这样的项目，都将是你简历中的亮点。

　　可能你会说，我就是一个连学历都没有的人，我哪有机会去参与这种国家级的大项目。是的，国家级的大项目一般人都够不着。但是，此处只是举例说明。虽然够不着国家级大项目，但是省市级的大项目还是有机会的。职场资本的积累是一个逐步而缓慢的过程，没有厚积哪来薄发？你需要抓住一切可以参与重大项目的机会，而不是当领导把机会摆在你眼前，你却推三阻四，觉得地方远、干项目累，最后与好机会擦肩而过。

　　我的第六个建议是，每次转岗永远是平台优先原则。直播间经常有人问，学历不好，如何才能进国企、央企？想一步到位进去肯定不可能，但是靠"曲线救国"就有可能。举个例子，假如你通过各种努力，有机会进入一家总包二级资质的单位，这种概率还是非常大的，并不难实现。那你下一次就可以想办法进总包一级甚至特级，如果你进入了总包特级资质企业，那你的下一次转岗最低是总包特级甚至国企；而不能又选择去总包二级，哪怕给的薪资再高。这才是越跳越高，每一次转岗都在为下一次岗位目标做铺垫。

为了达到每次都能够到更高平台的目的，职务和薪资就要靠后了，甚至是每次都会有降职、降薪。比如，你在总包二级企业做到项目经理，再去总包特级企业就只能做总工或者工程部长了。但是，这只是暂时的降职、降薪，等你进入大平台沉淀一段时间之后，就会迎来再次晋升的机会。

你的职业目标越高，职业起点越低，积累的过程就越漫长。例如，你的职业目标是总包项目经理，但是你的职业起点是无学历、无工程经验，那你就要先经历考证，找单位挂靠，然后学习做工程。可能你开始只能找分包企业做基础职务，只能在低级平台上去增值，增值到一定程度才能再想办法去更高平台上又从事基础职务，再进入增值期，然后再突破更高平台。听起来是不是特别绕？如果你年龄已超过40岁，却还没有经历完增值期的过程，你就要准备退休了。所以，我们要依据个人的实际情况去订立职业目标。在职业目标的指导之下，去制定切实可行的路径规划。

依据我的经验，无学历背景的人，大型总包特级公司的项目经理就是你的职业天花板。即便这个职业目标，也只是少数幸运儿才能达到。如果你想成为国企的项目经理，那么就绝无可能了。而且受学历限制，大多不会成为各大猎头公司和对标企业想处心积虑挖猎的对象。

你们的出路就是靠步步为营加机会捡漏，才能拥有一个好的前途。如果公司高管恰恰没有证书，这个业绩积累到你名下了；你跟着这个领导好多年，领导身边的人换了一茬又一茬，就你始终留在他的身边，恰好领导又是一个有情有义的人，所以把你提拔到重要岗位上了；恰好你名下积累了一个大业绩，又有国企缺这样的业绩，所以你有幸进入国企并且还给了重要岗位，等等情况不一而足。总而言之，靠正常逻辑你几乎是不太可能获得这样的机会的。但是，假如你做足了充分的准备，馅饼就有可能砸到你头上。

以上六个建议，就是我给无学历工程人的六个锦囊。把上面六点做好，被馅饼砸中的几率就会高很多。从一个低起点，想走到自己定的职业目标，就是一个不断爬坡的过程，漫长而又辛苦。如果没有坚定的目标感，无法到达目的地。所以，无学历但是在工程行业混得特别好的，也只是极少数人。世上无难事，只怕有心人；工程无难事，只要肯登攀！

第十五章

战略性跳槽实施

人能走多远，这话不是问双脚，而是问志向，人能攀多高，这话不是问双手，而是问意志。

——汪国真

第一节

跳槽渠道的选择

　　经过评估诊断、优劣势分析，我们明确制定出下一步的岗位目标，那么接下来就是实施战略性跳槽。不同职业阶段的人，适用于不同的跳槽渠道。成长期适合校招和网络招聘相结合的方式，增值期适合网络招聘，变现期和维持期最好是通过猎头跳槽，衰退期适合转介绍和网络招聘相结合。

成长期的渠道选择

　　即将面临毕业的人，校招是最好的渠道，千万不要浪费了这次珍贵的机会。好多学生因为考研或者其他原因，以至于错过了校招时间，最后很难就业，这是非常可惜的。所以，每次有应届生问我要不要考研的时候，我都会叮嘱一句：你百分百确定自己可以考上吗？如果没有考上，又错过了校招时间，你想好如何就业了吗？

　　建筑行业重技能，而刚毕业的学生缺乏工作经验，如果再错过了校招的机会，想在本专业就业就非常困难。也有的学生说，我不喜欢大学专业，本来就没打算从事这个专业。不管你想不想从事本专业，校招都是最佳就业途径，尤其是很多重点大学，会有很多大型企业去校招，还记得我说的成长期择业平台优先原则吗？

如果你确实错过了校招时间，退而求其次的选择就是网络招聘了。但是，这种方式的短板在于见效慢，有可能一年半载都实现不了就业，但这是除了校招之外的最佳渠道了。如果采用网络招聘渠道，就一定要降低预期，网络上拥有海量信息。如果说校招中跟你竞争的还只是你的同学，那么网络招聘中跟你竞争的就是所有职场人了。与这么多人比，你有多少竞争优势呢？

增值期的渠道选择

这个阶段毋庸置疑的选择是网络招聘，在增值期转岗是职务优先原则，为了获得更多锻炼的机会，我们就要广撒网。也有部分人采用猎头推荐的，确切地说是职业中介，还称不上猎头。猎头是为企业猎头头脑脑的，你如果连企业的中层干部都够不上，怎么能称是猎头呢？现在有一些职业中介机构，会帮企业做招聘，但是我仍旧推荐这一阶段的人采用网络招聘。

为职业中介是向企业收费的，既然是付费服务，企业的录用标准就会无形中抬高。本来5分人才就可以录用的，可能不到7分他们就不给offer，这样会让你错失很多机会。而你在网上自行投简历，或者说你即便不投简历，但是只要让人力看到你的简历是激活状态，他们会自行联系你。这样，你可以链接更多的招聘信息，帮你筛选出最适合你的工作机会。

但是，网络招聘有一个弊端是容易被现单位人力监控到你正在找工作，所以采用这种方式的时候，你最好把简历中的关键信息进行加密处理，这样就不容易被现单位发现了。

🧑‍💼变现期和维持期的渠道选择

这两个阶段是一定要用猎头的，为什么呢？一方面是因为这两个阶段的建筑人都处于公司的高管岗位，都是单位的重点关注对象，也可能是对标公司的关注对象。一旦在网上挂简历，会引起现单位及行业内的骚动，对自己造成一些不利的影响；另一方面用猎头跳槽才能让自己实现利益的最大化。

三国时期西川刘璋的部下张松，因为在刘璋下面郁郁不得志，怀揣西川地图先去拜访曹操，被曹操轻视，一气之下转投刘备，最后刘备拿下西川，张松却被刘璋所杀。张松两次主动"投怀送抱"，不仅没有获得他想要的一切，反而死于非命。这个历史故事告诉我们，你再值钱，一旦太过主动也显得廉价。优秀人才就像待字闺中的大美女一样，因为一般人很难见到，所以增加了神秘性，才让很多企业趋之若鹜。如果在网上到处投简历、替自己吆喝，反倒失了身份。

🧑‍💼衰退期的渠道选择

在衰退期，最好的选择是转介绍，其次是网络渠道。在职场辛苦工作了大半辈子，总会积攒点人脉关系，这时就派上了用场。因为大部分企业在对外招聘的时候，对年龄关卡得都非常死。如果以公事公办的方式去应聘，你可能连面试的机会都不会有。注意，此处的熟人转介绍，并不是让你以求人的姿态，疏通关系去获得一份工作。而是让身边的人都知道你在找工作，那么有适合的机会他们自然会介绍给你。如果你自身不具备工作能力，转介绍也不管用。

其次是网络渠道，但是千万不要用猎头。同样一个候选人应聘同样的职务，通过猎头可能被拒绝，但是自行投递简历反倒会获得offer。因为企业知道猎头收费高昂，一个可用可不用的候选人，如果要支付高昂的猎头费那就算了。如果是自行招聘，由于节约了招聘成本，提高了人才的性价比，企业反倒会觉得很划算。

很多工程师知道我是做猎头的之后，总是打电话让我帮忙推荐工作，觉我这边一定能给他找到好工作。事实上，不是所有的人都适合通过猎头跳槽。我们一定要评估一下自己处于什么阶段，慎重地选择适合自己的转岗渠道。唯有如此，才能帮你迅速地获得好工作。

第二节　如何用好猎头这条渠道？

　　我们在变现期和维持期转岗的时候是必须要用猎头渠道的，如何找到一个值得托付的好猎头尤其重要。市场上的猎头可谓是良莠不齐，你要练就一双慧眼。不然，你前期规划了那么多，一旦遇猎不淑，跳错了方向，你将为此付出惨痛的代价。跳槽是有风险的，跳错是要付出代价的，请大家牢记。

　　不仅好猎头要善于发现优秀人才，好人才也要善于发现优秀猎头，将遇良才、棋逢对手，才能迸发出奇妙的化学反应，双向奔赴的相遇才有意义。如果你面对猎头，一味抵触或者一味高冷，那你有可能错失自己的职场姻缘。

一、专猎头和通猎头的区别

　　市场上的猎头有专精某个领域的，也有行业通吃的，我把他们分别称之为"专猎头"和"通猎头"，这两种猎头各有优势和劣势。能够长期深耕一个行业的猎头，他对行业的见识有可能在你之上，可以为你的职业选择提供很多建设性意见，帮你甄别哪些是最适合你的机会。而通猎头对每个行业的认知基本停留在表面，在你的领域内他几乎给不到什么建设性意见。但是，后者也有优势，由于接触的行业比较多，他们也有可能从不同于本行业的视角帮你看到一些问题。

如果你现在处于增值期，需要在本领域内不断深耕拓展，那么你适合找专猎头；如果你正处于职业转型期，想为自己的职业发展寻找新的方向，那通猎头更适合你。

二、一定要找正规的猎头机构的猎头合作

首先，要了解对方的公司背景。因为猎头行业"鱼龙混杂"，有很多猎头其实是不属于任何机构组织的，这样的猎头除非你跟对方认识多年比较了解，否则不建议合作。因为你无法确保对方的职业操守。所以，一定要找正规的猎头公司来合作。

有正规的机构组织的猎头也有优劣之分，不要光听对方报个公司名字，或者公司PPT简介做得很高大上，就觉得一定是好猎头。可以登录天眼查、企查查等查询一下公司成立多少年，股东有没有过变更等情况。一般来说，成立时间比较久、注重品牌效应的猎头公司，合作起来会更有保障。他们不会为了某一个单子不择手段，不顾操守瞎操作，毕竟要顾虑对公司的影响。

三、要有面试猎头的能力

可以说，每个资深猎头都懂面试技巧，但是绝大多数候选人不懂，所以容易被猎头牵着鼻子走。此处分享一些面试猎头的问题。如果这些问题对方都能对答如流，而且说的你也认为很有道理，毋庸置疑该猎头确实比较专业。如果答不上来，或者回答得比较浅，你不知道对方究竟在表达什么观点，那对方就只是在勉强应付你的问题而已。

面试专猎头的问题

❶ 你从事建筑行业的猎头多少年了?

❷ 都跟哪些建筑企业合作过?

❸ 你推荐的这家公司在招聘项目经理(也可以替换成任何你想了解的岗位),你觉得他们对项目经理的核心要求有哪几点?

❹ 你觉得项目经理岗位未来的晋升方向都有哪些?

❺ 你看完我的简历后,对我未来的职业发展有什么建议吗?

面试通猎头的问题

❶ 你做哪些行业的猎头?

❷ 这几个行业你都操作成功过哪些岗位?

❸ 你有遇到过先从事建筑行业,后来跨行去了其他行业的人吗?如果遇到过,他发展得怎么样?能不能给我讲讲他的故事?

❹ 你对我未来的职业发展有什么建议?

四、要跟优秀的猎头做朋友，哪怕你当前不跳槽

等你想转岗的时候才想起来找猎头，可能已经晚了，因为优秀猎头也是可遇而不可求的，临时抱佛脚的后果是很容易遇猎不淑。所以，平时就要有意识地发现身边这些猎头，上面也提供了一些鉴别猎头的小技巧。只要按照上面的方法，一定可以寻找到"有缘猎头"。如果真的遇到了让你感觉比较投缘的猎头，就一定要想办法见面，发展成为生活中的朋友。

人的一生当中必交的几个朋友，除了医生、律师之外，你还必须要交一个猎头的朋友，可以帮你的职业生涯保驾护航。有的人觉得，只要在微信好友里有几个猎头就行了，有困惑的时候找他们咨询一下，这样是不行的。网络的存在使交朋友变得越来越容易的同时，也让人的关系变得越来越浅。你们在现实中完全没有任何交集，这样的关系非常脆弱。你的微信好友里想必也躺着很多搞微商的朋友，你发的每一条朋友圈他都点赞，你们是朋友吗？显然不是。

见面会加深对彼此的了解，让你的猎头朋友更深地了解你。优秀猎头的嗅觉都非常灵敏，他会通过对你的了解敏感地捕捉到对你有利的转岗时机。也许你还没有意识到的时候，他就帮你想到了。而你也可以通过见面更深地了解他，看看他到底是不是值得托付职业发展的好猎头。总之，生活中有一个猎头朋友，你的职业生涯会少走很多弯路，少摔一些跟头。

第三节　薪酬谈判的技巧

　　再次做职业选择时如何实现利益最大化？这就涉及薪酬谈判，这是我们跳槽中最重要的一个环节。真正的薪酬谈判，在你还没有面试的时候就已经开始了。从表面看，薪酬谈判是各种心理博弈，各种软硬条件的权衡对比，但最后能以让双方都满意的薪酬促成合作，一定是你们双方都具备对方需要的价值，这才是薪酬谈判的核心。因此，持续提升自己的价值才是最大的薪酬谈判技巧。

　　全书都在围绕提升价值来谈，本章节我给大家提供一些在薪酬谈判时切实可行的小技巧。但是，技巧想发挥作用的前提是你们真的实力相当、条件匹配，否则再多的技巧都是白搭。如果你的能力只值20万元年薪，你张口要40万元，那也是天方夜谭。就好比月老牵红线，门当户对才能终成眷属。

　　所以，薪酬谈判技巧只是帮助你获知对方如何定义你的价值，也即对方真实的心理定价是多少，从而在这个真实的心理定价基础上争取利益最大化。很多时候薪酬谈判失败，是因为错误地估计了自己在企业心目中的价值，要么你觉得自己贱卖了，要么你要高了，最后谈判破裂。无论哪种情况，我们都不希望发生。因此，每个人都有必要掌握一些薪酬谈判的技巧。

一、占据谈判的主动权

要想占据谈判的主动权，首要的就是不能暴露需求感。在薪酬谈判时，不在职状态是不利于谈判的，因为这种状态很容易让企业默认你很需要这份工作，因此给你"定价"时，容易报低不报高。本来，你的市场价值可能是30万元，他们可能就想给你25万元。因此，面试时为了争取有利条件，当企业问到你的职业状态时，你可以如此回复：我当前没有上班，因为我想给自己放松休息一下，所以也不着急找工作，有适合的可以立马上岗，没有适合的我正好再继续休息一阵子。注意，此处千万不要撒谎，你本来不在职，却说你在职，这就是撒谎，我们可以适度美化自己，但不能撒谎，撒谎是人品问题。

要想占据谈判的主动权，还不能表现得太急切。有一些候选人非常沉不住气，总是频繁地问，到底怎样了？如果不能下offer，我就选别家了。谁急谁被动，你着急的时候就是企业借机打压你的时候。有些候选人说了，那企业要是很长时间迟迟没有回应，我也不该问吗？一般而言，对你有意向的企业不会很长时间不回复的，因为他们也担心把你抻跑了。但若是超过10天没有回应的，企业对你的意向度一般。此时，你反倒要开始权衡了。你是否非常想要获得这份工作？如果是，那你就要做好让步的心理准备，要么你就做好放弃这个机会的准备。

二、期望薪酬请报浮动数而非固定数

因为报固定数容易把自己框住，而浮动区间给了一个谈判空间，进可攻退可守，更有利于后期的谈判。例如，你报期望年薪在30万元左右，那么25万～35万元就是你给出的谈判空间。如果你报期望年薪是30万元，那么就一点谈判空间都没有了。

有时，你可能不想先报期望薪酬，担心先暴露底线，那么你还可以直接把你的现薪酬报给企业做参考。当然，这适用于面试环节你感觉企业对你比较满意的情况。如果你感觉企业对你意向度一般，你报现有薪酬给企业做参考，万一你的现有薪酬超过企业的心理预期，你可能会直接被淘汰。但是，大家要注意的一点是，企业问你的期望薪酬，你扭扭捏捏地拒不回答，这也是大忌。会让企业感觉你缺乏诚意，从而给后面的合作制造障碍。

三、多使用欲拒还迎的话术

企业求才，就像男孩子追求自己的女神一样，如果女神自始至终一副冷冰冰的态度，你肯定没有勇气追求下去。只有女神表现出一副羞答答、欲拒还迎的姿态，让你感觉有希望但是又不能立即得到，你才会加大投资力度，想着再使把劲儿就能抱得美人归了。薪酬谈判也是一样的道理，如果你始终表现得高高在上，企业作为用人方，可不想花高价请一个"祖宗"回来，所以正确的做法建议是欲拒还迎，既表示自己对企业的认可，也表达自己难以立刻接受该offer的为难之处，征得企业的体谅。唯有如此，才能最终获得心仪的工作机会。

在这个酒香也怕巷子深的年代，要学会适度包装自己，展示自己的价值，"勾引"心仪的企业来主动"追求"自己。如果你面对企业时是一副高高在上的姿态，企业会直接被你高冷的姿态吓跑。但若过分热情，又不利于谈判。所以，最好的方式就是欲拒还迎，犹抱琵琶半遮面。

具体话术如下：

1 非常感谢贵公司对我的认可，我也非常喜欢贵公司的氛围，尤其是认同咱们王总的理念。但是，最近还有其他几家公司也约我面试了，我想先对比一下再回复贵公司可以吗？

解析　表达了对公司的喜欢，给了公司一定希望。但是，又提到了还有其他的竞争对手，潜台词就是您还需要多努力。如果您对我满意，请开出更好的条件吸引我吧。

2 贵公司能给出这样的薪酬，我已经感受到了公司的诚意，我也非常希望能加盟贵公司，但是实不相瞒，最近也有其他公司给我开出了更高薪酬，只是因为那家公司距离比较远。所以，我还在犹豫，请给我几天时间再考虑一下，好吗？

解析　再次表达了希望加盟贵公司的意愿，同时提出了有更高薪酬的offer，给公司制造了紧张感，但又卖了一个破绽给企业，那边offer离家远，这样会让企业感觉我只要再出高一点但是低于对方的薪酬，我就可以达成合作了。当然，在实际谈判中这个破绽可以是任何理由，大家可以灵活运用。

3 非常感谢李经理您一次次帮我争取薪酬，让我非常感动，我觉得要再不接这个offer都感觉对不住您。虽然贵公司开出的薪酬并不是最高的，但是我相信入职贵公司会有更好的发展，只是

> 在我心里还是对于入职后如何开展工作有些微顾虑，可以让我
> 跟我的直属领导再通一次电话聊聊吗？

解析　先表达了对人力态度的感激，给自己找了一个顺理成章接offer的理由，但又表示薪酬并不是给的最高的，像不像女神说我嫁给你并不是图你的钱？企业也不希望入职的人选只是奔着钱来的。最后，为什么还要提个要求，跟直属领导通一次电话呢？一方面，你可能确实要为入职后的工作做些准备；另一方面，为了再次向企业表示这是你慎重考虑后的选择。这样，也会让人力超级有成就感，在众多优秀追求者中，我花了比别人还要小的代价抱得美人归了，有没有一种自己捡了个大便宜的感觉？

　　谈判时，大家记住一条原则，你是不是真的给了对方便宜不重要，重要的是让对方感觉他捡了大便宜。通过欲拒还迎的话术制造出一种，你是他经过千辛万苦追求来的宝贝，并且让对方觉得是他的诚意打动了你，而非仅为钱，这样始终维护着女神的高贵形象。

　　大家有没有发现，我上面的话术一句提要求的话都没有说，没有问企业要一个更高薪酬，为什么呢？因为女神从来不需要自己提要求，你一主动提要求就会显得廉价。而是通过话术来不断展示自己的价值，让企业自行主动加码。薪酬谈判是一个心理博弈的过程，背后的本质是你的价值。你的价值越高，企业想得到你的意愿就越强烈，愿意给的薪酬也越高。

如何高情商地提离职?

向公司提离职就像多年的情侣提分手一样，总归是一件让人不愉快的事，但是如果你还追求更好的人生发展，你又不得不面对这样的事。很多情侣因分手成了仇人，我们肯定不希望因为辞职而得罪原单位。我们中国人都爱讲好聚好散，做人留一线，日后好相见。因此，如何高情商地提离职，是一门职场人的必修课。

一般要走时，最先通知的肯定是自己的直属领导。于公，他是你的顶头上司，你不能越过他直接向公司提离职；于私，他对你有知遇之恩，必须要先通知他。每家公司的离职程序都不一样，首先要尊重公司关于离职的相关规定。第一次提离职一定要正式，辞职信和辞职面谈都要有。先写一份正式的辞职信发送到领导邮箱，然后就要找领导面谈。

有些人很怵当面跟领导提离职，总觉得难以面对，但这是必不可少的一个环节。而且，领导肯定会挽留你，越是工作时间长的员工，领导挽留的诚意也越足。但是，如果你坚决想辞职，最多三次领导就同意了，因为我国老话讲事不过三。从另外一个角度讲，作为曾经为公司做出过贡献的老员工要离职，领导要是高兴地大手一挥就同意你走了，你又该心理犯嘀咕了，怎么也不挽留一下，是不是等着我提离职呢。

中国是个人情社会，领导挽留你是出于真心还是礼貌，其实很好分辨。大部分的挽留都是出于礼貌，你要走我不挽留客套一下多不好看呀！就好像我们去别人家作客，主人都会假意热情留你吃饭是一样的道理。当了解清楚了领导挽留你的心理，我们就做好充足的心理准备，想想如何应对。接下来，我们就谈谈如何不伤和气地离职。

一、辞职信撰写

辞职信包含三方面内容：

❶ 离职原因，尽量写客观原因，不要表达主观不满，哪怕你真的是对公司不满而走的，也不能在辞职信里体现；

❷ 表达对公司及领导的感恩感谢；

❸ 郑重提出辞职申请，并表示尽最大努力地配合完成工作交接，保证不影响本岗位的工作。

如果自己实在不会写，网上有很多辞职信模板，可以自行搜索。辞职信一定要情真意切且短小精悍，表达清楚自己要走的决心即可。好多人的辞职信写得一塌糊涂，看似洋洋洒洒写了一大篇，但是感受不到他的感恩之心在哪里，反倒像卖弄文采一样。上面说了，提离职就像情侣分手一样，是一件不愉快的事。所以，你要展现的是沉重的心情和必走的决心，达到这个目的即可，切勿画蛇添足。

二、辞职注意事项

❶ 面对领导挽留时，第一次挽留为了不驳领导的面子，你可以表示你会慎重考虑领导的提议。

❷ 然后过几天再二次提离职，这次一定要表示你慎重考虑过了，还是觉得离开是更好的选择，希望领导能尊重你的决定；大部分人走到这一步，领导就同意了。假如，你的领导依旧拒绝了你，不要气馁，过几天再辞。三辞之后，基本就都通过了。

❸ 办理离职手续时，尽量整理详尽的文档给负责交接的同事签字，以免出现后续说不清楚的情况。你说已经交代清楚给同事了，同事说你没说，临走再出现相互扯皮的情况，对自己也不太好。

❹ 如果有未发放奖金及薪资一定要找人资确认数额及发放时间，保存好证据，以备不时之需。

❺ 最后，尤其重点提醒大家的一点是，当天办离职交接的时候，千万别一副兴高采烈的样子。即使你的心里真的很高兴，也不能表现出来。还是那句话，把面子给足领导。如果你一脸立刻要脱离苦海、奔赴新生活的兴奋表情，让领导情何以堪呢？前面说了那么多感恩感谢领导的话，那不都白说了吗？领导也许嘴上不好说什么，但是从此肯定是不会再念你的好了。

第五节　领导用升职加薪挽留你该怎么办？

虽然上面说了三辞之后领导通常都会同意你的辞职申请，但是也有特殊情况。如果领导拿出了实际行动挽留你，承诺给你升职加薪，这个时候怎么办呢？很多人面对这种局面就动摇了，不知道该坚决走掉还是选择留下来？其实遇到这样的情况，我们就要回想一下，当初促使我们离职的原因是什么？

列夫·托尔斯泰说："幸福的家庭都是相似的，不幸的家庭却各有各的不幸。"我觉得职场也是一样。员工满意度高的公司都是相似的，但是员工满意度低的公司却各有各的不满，员工满意度低的直接体现之一就是离职率非常高。员工离职的原因五花八门，什么样的都有。归纳总结下来，无非就两类：一类是可调和矛盾，另一类是不可调和矛盾。对于可调和矛盾，我们可以考虑留下来；对于不可调和矛盾，就需要坚决拒绝。即便你因为升职加薪留下来了，但是那个矛盾依旧存在，所以你早晚还是会离职。

那什么是可调和矛盾，什么又是不可调和矛盾呢？能通过个人努力获得改变的就是可调和矛盾，通过个人努力实现不了的都属于不可调和矛盾。比如薪酬、待遇、同事之间的矛盾等，都属于可调和矛盾，这些原因可以通过找领导和同事沟通而获得改善。还有一些是属于不可调和原因，比如离家远、加班、公司内部装修环境、老板脾气不好等，这些情况不是个人努力就可以获得改善的。

举例来说，你的离职原因是离家远，每天搁在路上的时间特别长，这就属于不可调和原因。即使公司升职加薪了，可以解决离家远近的问题吗？除非公司搬家，但通常是不可能的。所以，此时你仍旧应该选择坚定的离职。可能有人会说，看在钱的面子上，我可以忍受距离远的问题。但是，你能忍耐多久呢？为了达成某些目标，我们可以短期忍耐，可是人趋利避害的本能会促使你尽快远离让自己不愉快的事物。

当领导用升职加薪挽留你的时候，我们首先要静下心来分析一下，促使你离开的真正原因是什么？是可以通过努力改善的还是自己无能为力的？假如是后者，那还是坚定地选择离开吧。除非你即将入职的下一家单位也不够好；这个时候可以选择暂时先留下来，然后继续寻找让你满意的工作机会。

注意，可调和矛盾和不可调和矛盾有的时候也会相互转化。比如，同事矛盾虽然归类于可调和矛盾，但是当你多次跟同事沟通无果，并且领导也给予不了任何支持让你远离消耗你的同事的时候，这个问题就转化为了不可调和矛盾。这时候，领导给你升职加薪可以改变你那个讨厌的同事吗？显然是不可能的。此时，也应该选择果断离职，成年人对自己最大的负责就是远离消耗你的人。

其实，当你做出离职决定的那一刻，除非有特殊情况，否则你都可以坚定地选择离职，而不管领导用什么样的方法挽留你。因为你每提出一次离职，你就在破坏一次你跟公司之间的关系。第一次提离职，你们之间的信任关系就已经被伤害了。我在实际工作中，见到过很多候选人向公司提出辞职后，又因为领导承诺升职加薪而选择暂时留下来的。他们对我说，不好意思拒绝领导，先待上一段时间再说。我是非常不赞同这种行为的，要么你是真的想通了决定不走了，要么就坚决地走。

这一次你因为不好意思拒绝领导而选择暂时留下来，可是过了段时间发现还是难以忍受这种不愉快的工作环境，再次向领导提出辞职，再带来一次关系伤害。与其反复地进行关系伤害，不如一开始就走，这样你在原单位领导心目中还能留下些美好的回忆。那些因为不好意思拒绝而选择暂时留下来的人，大部分最后还是走了。当断不断，反受其乱。

| 第六节 | 离职时有未发放奖金该怎么办？ |

建筑行业的薪资架构大部分都是底薪加奖金模式，奖金很少有月发的，大部分都是季度或者半年度一发，而且是延后发放。比如，第一季度发放去年的奖金，甚至有下半年才发放去年奖金的。这就导致很多人在提出辞职的时候会有很大的顾虑，总想等奖金全部发放完毕再提离职。担心一旦提离职，奖金会拿不到。

其实，公司设计这种发放制度，就是为了留人，为了控制离职率的。因为顾虑未发放奖金而推迟离职，本来就是企业的目的。当我们知道了这一点，就会明白，无论你如何等待，你都有损失部分奖金的概率。我们曾经服务过一名人员，当时给他推荐到业内一家知名上市公司当设计总监，本来预期的入职时间是当年度的9月份，此人因为有未发放奖金，因此一拖再拖。一开始原单位说年底发放，所以他就等到了年底。可是到了年底，原单位又说到明年3月份，到了第二年3月份，企业又借故拖延。这次，新单位终于忍耐不下去了，果断替换了其他候选人。

而他，在第一次提出离职的时候，单位拖欠的未发放奖金是3万元左右。到了年底，这个数额已经滚到了快10万元，他又舍不得这么多钱，于是继续等待。第二年公司发放了一部分，但是此时又产生了新的奖金。因为在等待过程中，他一直在接新的项目，于是这个奖金球越滚越大。后来，他最终还是选择了离开，离开的时候他大约有6万元的未发放奖金。他跟我说，早知道怎么等都拿不到全额奖金，他就应该早点走。这样，还能少耽误点时间，也不至于错失那么好的一个offer。

针对离职时的未发放奖金，应该如何处理呢？如果奖金数额较大，建议提前找律师咨询一下。在办理离职手续之前收集好各种起诉证据，以备不时之需。如果奖金数额不大，也要尽可能地保障自己的权益。首先，办理离职交接手续时，一定要跟人力或者领导明确沟通一下自己的未发放奖金数额。如果有可能，那就尽量写个文件，有领导签字或者公司盖章。文件上除了明确奖金数额之外，还要明确发放时间。其次，跟领导沟通奖金时的电话录音或者网上聊天记录都要保存好。如果公司拖延发放甚至不发放，这些都可以作为起诉的证据。

但是，不管你的准备工作做得多么周全，都还是有损失奖金的可能性。辞职就像男女分手，都觉得是对方亏欠自己，所以拼命地想多抓些属于自己的利益。企业拼命地想如何少付甚至不付薪资，员工拼命地想如何多拿到薪资，这就是一个利益博弈的过程。既然是利益博弈，必然有输有赢，所以在离职的时候就要做好心理准备，必要的时候沉没成本该舍弃就舍弃。因为不舍得这些奖金而一再拖延，沉没成本只会越来越高。

好人品是你行走职场的名片

　　前面我们分别阐述了职业生涯规划五阶段、各专业职业发展路径、战略性跳槽规划和实施，以上所有内容都是为了帮你提升职业竞争力，让你成为一个更优秀的职场人。但是若无好人品，一切均是白费心机，好人品胜过一切。有很多企业求才若渴，不惜代价招揽优秀人才。那我们首先要定义，什么是优秀人才？德才兼备的才叫人才。有才无德是歪材，只能看不能用，空叫人遗憾；有德无才是庸才，可以用，但是难堪大用；无德无才是废才，人人弃之。

　　欲做事先做人，好人品是行走职场的名片，好人品能带来信任。信任是所有商务活动中最需要又最难建立，同时一旦建立起来又最昂贵的东西。越是聪明的人，就越不会做违背诚信的事。因为明白，违背一次诚信付出的代价有可能就是信任的崩塌。信任一旦崩塌，就不是靠钱能换回来的。高情商的体现不是能说会道、八面玲珑，而是能让别人一看到你，就觉得可以信任你。

　　领导信任你，就会愿意把重要的事情交给你，把重要的部门托付给你。结果，你的职务越升越高，薪酬越来越高；同事信任你，就愿意协助你，帮你完成任务。其结果又会让领导更加信任你。一个人之所以成功，是看身边有多少人希望他成功，大家都希望你成功，自然就会托举你往上，你自然就容易获得成功。你见过一个人品不好的人，收到身边人祝福的吗？人人都希望你倒霉，有好事不通知你，有坑也不提醒你，眼睁睁地看着你往里跳，你自然是越来越倒霉。

三国时的关羽，就是一个德才兼备的优秀人才。他跟刘备、张飞桃园三结义之后，一直追随刘备。前期是东逃西窜，常常过的是寄人篱下的日子，可是他都没有想过要离开刘备。温酒斩华雄，关羽开始崭露头角，曹操深慕关公之名，一直想把他招致麾下。后来，关羽被曹操擒获，曹操高官厚禄、赠赤兔马收买，但关羽寻着机会，依旧追寻旧主而去。一代枭雄、杀人如麻的曹操，对待关羽却也不免犯了儿女情长，尽自放关羽归去。赞他事君不忘其本，乃义士也。而关羽也成了忠义二字的代表。

三国时还有一个反面代表——吕布。他还有个别称"三姓家奴"，因为他先拜丁原为义父，后在董卓的重利引诱之下，杀丁原、投董卓。拜董卓为义父之后，又在司徒王允的美人计下，杀董卓、娶貂蝉。也曾投靠过刘备，但是忘恩负义，终被曹操所杀。吕布以骁勇善战著称，有"人中吕布，马中赤兔"之赞，在那个战火纷飞的年代，应该是大家争抢的人才，可最终却落得个惶惶如丧家之犬，不得善终的下场。

若说关羽是德才兼备，吕布就是有才无德，所以但凡重用吕布的人都不得好下场。历史是一面镜子，可以折射出人性的不堪。很多老板都明白这个道理，所以有才无德的人宁可不要。

企业在招聘时，最重视的就是对人品的考察。很多企业都会启动严格的背景调查，越是重要的岗位，背景调查越严格。在这样的层层考察之下，几乎很难去隐瞒什么。所以，在职场积累自己的好口碑非常重要。你经历过的每家公司最后是否都能友好和平分手？

有道是分手方显人品。如果每次跳槽跟原单位都是不欢而散，那么新单位也不敢重用你。一旦你被贴上了人品不好的标签，晋升的通道基本就被阻断了。

厚德载物，人品厚重的人才能承载荣誉。德不配位，必有灾殃。如果人品不行，即便侥幸成功，怎么得来的还会怎么还回去，甚至比没得到时还惨。增广贤文里说：心善之人，天必佑之，夫心起于善，善虽未为，而吉神已随之。说明好的人品，连老天都要帮你，又岂有不成功的道理呢。

建筑业相关央企名录（部分）

	中国建筑集团有限公司 简称：中国中建/中国建筑集团		
1	中国建筑一局(集团)有限公司	26	中建长江建设投资有限公司
2	中国建筑第二工程局有限公司	27	中建丝路建设投资有限公司
3	中国建筑第三工程局有限公司	28	中建北方建设投资有限公司
4	中国建筑第四工程局有限公司	29	中国建设基础设施有限公司
5	中国建筑第五工程局有限公司	30	中建交通建设集团有限公司
6	中国建筑第六工程局有限公司	31	中建筑港集团有限公司
7	中国建筑第七工程局有限公司	32	中建港航局集团有限公司
8	中国建筑第八工程局有限公司	33	中建铁路投资建设集团有限公司
9	中建新疆建工 (集团) 有限公司	34	中建地下空间有限公司
10	中国中建设计研究院有限公司	35	中建海峡建设发展有限公司
11	中国建筑东北设计研究院有限公司	36	中国建筑装饰集团有限公司
12	中国建筑西北设计研究院有限公司	37	中建科工集团有限公司
13	中国建筑西南设计研究院有限公司	38	中建安装集团有限公司
14	中国建筑西南勘察设计研究院有限公司	39	中建西部建设股份有限公司 (002302.SZ)
15	中国建筑上海设计研究院有限公司	40	中建电力建设有限公司
16	中国市政工程西北设计研究院有限公司	41	中国建筑发展有限公司
17	中国海外集团有限公司	42	中建资本控股有限公司
18	中国海外发展有限公司 (00688.HK)	43	中建财务有限公司
19	中国海外宏洋集团有限公司 (00081.HK)	44	中建生态环境集团有限公司
20	中国建筑国际集团有限公司](03311.HK)	45	中建科技集团有限公司
21	中国建筑兴业集团有限公司(00830.HK)	46	中建环能科技股份有限公司 (300425.SZ)
22	中海物业集团有限公司 (02669.HK)	47	中建国际建设有限公司
23	中海投资发展集团有限公司	48	中国建筑股份有限公司阿尔及利亚公司
24	中建方程投资发展集团有限公司	49	中建美国有限公司
25	中建南方投资有限公司	50	中国建筑(南洋)发展有限公司

中国建筑集团有限公司
简称：中国中建/中国建筑集团

51	中建中东有限责任公司	62	中国建筑南非有限公司
52	中建刚果(布)有限责任公司	63	中建纳米比亚有限公司
53	中建赤道几内亚有限公司	64	中国建筑股份有限公司驻巴基斯坦代表处
54	中国建筑巴巴多斯公司	65	中国建筑股份有限公司利比亚分公司
55	中国建筑(泰国)有限公司	66	中国建筑巴林分公司
56	中国建筑(菲律宾)有限公司	67	中建 (哈萨克斯坦)有限责任公司
57	中建股份卡塔尔有限公司	68	中国建筑股份有限公司毛里求斯分公司
58	博昂建筑贸易简易股份公司	69	中国建筑股份有限公司韩国分公司
59	中建俄罗斯有限责任公司	70	中国建筑股份有限公司赞比亚分公司
60	中国建筑股份有限公司驻越南代表处	71	中国建筑莫桑比克有限公司
61	中国建筑博茨瓦纳有限公司	72	中国建筑马来西亚有限公司

中国铁建股份有限公司
简称：中铁建/中国铁建集团

1	中国土木工程集团有限公司（北京）	12	中铁二十一局集团有限公司（兰州）
2	中铁十一局集团有限公司（武汉）	13	中铁二十二局集团有限公司（北京）
3	中铁十二局集团有限公司（太原）	14	中铁二十三局集团有限公司（成都）
4	中国铁建大桥工程局集团有限公司（天津）	15	中铁二十四局集团有限公司（上海）
5	中铁十四局集团有限公司（济南）	16	中铁二十五局集团有限公司（广州）
6	中铁十五局集团有限公司（上海）	17	中铁建设集团有限公司（北京）
7	中铁十六局集团有限公司（北京）	18	中国铁建电气化局集团有限公司（北京）
8	中铁十七局集团有限公司（太原）	19	中国铁建港航局集团有限公司（珠海）
9	中铁十八局集团有限公司（天津）	20	中国铁建房地产集团有限公司（北京）
10	中铁十九局集团有限公司（北京）	21	中铁第一勘察设计院集团有限公司（西安）
11	中铁二十局集团有限公司（西安）	22	中铁第四勘察设计院集团有限公司（武汉）

中国铁建股份有限公司 简称：中铁建/中国铁建集团			
23	中铁第五勘察设计院集团有限公司（北京）	30	中国铁建昆仑投资集团有限公司（成都）
24	中铁上海设计院集团有限公司（上海）	31	中铁建资本控股集团有限公司（深圳）
25	中铁物资集团有限公司（北京）	32	中国铁建财务有限公司（北京）
26	中国铁建重工集团股份有限公司（长沙）	33	中铁磁浮交通投资建设有限公司（武汉）
27	中国铁建国际集团有限公司（北京）	34	中铁建国际投资有限公司（广州）
28	中铁城建集团有限公司（长沙）	35	中铁建发展集团有限公司（北京）
29	中国铁建投资集团有限公司（珠海）	36	中铁建交通运营集团有限公司（天津）

中国电力建设集团有限公司 简称：中国电建/中电建			
1	中电建新能源集团股份有限公司	15	上海电力设计院有限公司
2	中国电建集团海外投资有限公司	16	中国电建集团山东电力建设第一工程有限公司
3	中电建国际贸易服务有限公司	17	中国水利水电第一工程局有限公司
4	中国水电基础局有限公司	18	中国电建集团吉林省电力勘测设计院有限公司
5	中国电建地产集团有限公司	19	中国水利水电第四工程局有限公司
6	中国电建集团港航建设有限公司	20	中国电建集团电力投资有限公司
7	中国电建集团财务有限责任公司	21	中国电建集团青海省电力设计院有限公司
8	中电建商业保理有限公司	22	中国水利水电第五工程局有限公司
9	北京华科软科技有限公司	23	中国水利水电第九工程局有限公司
10	中国电建集团河北省电力勘测设计研究院有限公司	24	中国水利水电第十四工程局有限公司
11	中国电建集团北方投资有限公司	25	中国电建集团成都勘测设计研究院有限公司
12	中国电建集团华东区域总部/华东投资公司	26	中国电建集团昆明勘测设计研究院有限公司
13	中国水利水电第十二工程局有限公司	27	中国电建集团贵州电力设计研究院有限公司
14	上海电力建设有限责任公司	28	中国电建集团贵州工程有限公司

中国电力建设集团有限公司
简称：中国电建/中电建

29	中国电建集团华中区域总部/华中投资公司	51	中国电建集团山东电力建设有限公司
30	中国电建集团华中电力设计研究院有限公司	52	中国电建集团航空港建设有限公司
31	中国水利水电第十一工程局有限公司	53	中国水利水电第六工程局有限公司
32	中国电建集团湖北工程有限公司	54	中国水利水电第三工程局有限公司
33	中国电建集团河南工程有限公司	55	中国水电建设集团十五工程局有限公司
34	中国电建集团江西省水电工程局有限公司	56	中国电建集团西北勘测设计研究院有限公司
35	中国水利水电第十六工程局有限公司	57	中国电建集团西部区域总部
36	中国电建集团福建省电力勘测设计院有限公司	58	中国水利水电第七工程局有限公司
37	水电水利规划设计总院有限公司	59	中国水利水电第十工程局有限公司
38	中国电建集团国际工程有限公司	60	中电建水电开发集团有限公司
39	中电建建筑集团有限公司	61	中国电建集团贵阳勘测设计研究院有限公司
40	中电建路桥集团有限公司	62	四川电力设计咨询有限公司
41	中电建铁路建设投资集团有限公司	63	中国电建集团重庆工程有限公司
42	中国电建集团租赁有限公司	64	中电建重庆投资有限公司
43	中电建（北京）基金管理有限公司	65	中电建装备集团有限公司
44	中国电建集团北京勘测设计研究院有限公司	66	中国水利水电第八工程局有限公司
45	中国电建市政建设集团有限公司	67	中国电建集团中南勘测设计研究院有限公司
46	中国电建集团河北工程有限公司	68	中国电建集团江西省电力设计院有限公司
47	中国水务投资有限公司	69	中国电建集团江西省电力建设有限公司
48	中国电建集团核电工程有限公司	70	中国电建集团南方区域总部/南方投资公司
49	山东电力建设第三工程有限公司	71	中国电建生态环境集团有限公司
50	中国电建集团华东勘测设计研究院有限公司		

中国交通建设集团有限公司
简称：中国中交/中国交通

中国化学工程集团有限公司
简称：中国化学/中国化学工程集团

中国长江三峡集团有限公司
简称：三峡集团

中国铁路工程集团有限公司
简称：中国中铁

中国能源建设集团股份有限公司
简称：中国能建/中能建

中国国家铁路集团有限公司
简称：国铁集团

中国五矿集团有限公司
简称：中国五矿